delta

Grundwissentraining Mathematik 5/6

Lösungen

C.C.BUCHNER

Lösungen zu Kapitel 1: Die natürlichen Zahlen

1. a) {15; 23; 41; 66; 80; 102}　　b) {750; 1075; 1450; 2025; 2125; 2650; 2800}

2. a) 987

b) Zweistellige Zahlen mit Quersummenwert 14: 59; 68; 77; 86 und 95
Die kleinste von ihnen ist 59.

c) Zweistellige Quadratzahlen: 16; 25; 36; 49; 64 und 81. Ihre Nachfolger sind 17; 26; 37; 50; 65 bzw. 82. Darunter sind die Primzahlen 17 und 37. Also sind 17 und 37 die einzigen zweistelligen Primzahlen, deren Vorgänger eine Quadratzahl ist.

3. Die größte Zahl ist 85 310, die kleinste 10 358.

4.

Die Zahl … ist	eine gerade Zahl	eine Primzahl	eine Quadratzahl	ein Vielfaches von 3	ein Teiler von 12	eine Dreieckszahl
6	x			x	x	x
10	x					x
27				x		
49			x			
21				x		x
3		x		x	x	x
89		x				
1			x		x	x

5. a) Es sind mindestens 90 500 und höchstens 91 499 Einwohner.

b) Es sind mindestens 45 500 und höchstens 46 499 Frauen.

6. a) Individuelle Lösungen

b) Er ist im Juni 50 km mehr, im Juli 150 km weniger gefahren als im Mai.

c) 2 000 km

d) Möglicherweise hatte Lauras Vater im August Urlaub und musste deshalb nicht mit dem Auto zur Arbeit fahren. Die Familie hat die Ferienreise vermutlich nicht mit dem Auto unternommen.

7. a) zweihundertsiebenunddreißigtausendneunundneunzig

b) eine Million zweihundertvierunddreißigtausendfünfhundertsiebenundsechzig

c) zweihundertzwei Millionen dreihundertdreizehntausendvierhundertvierundzwanzig

d) neun Milliarden einhundertsiebenundachtzig Millionen zweihundertsechsundsiebzigtausenddreihundertfünfundsechzig

Lösungen zu Kapitel 2: Addition und Subtraktion natürlicher Zahlen

1. a) 14 180 b) 22 536 c) 2 366 d) 1 836 e) 12 338
22 536 ≈ 23 000; 1 836 ≈ 1 800

2. a) 6 719 b) 9 911 c) 11 154 d) 15 642 e) 0 f) 300 000

3. Termwerte: a) 1 956 b) 3 925

a)

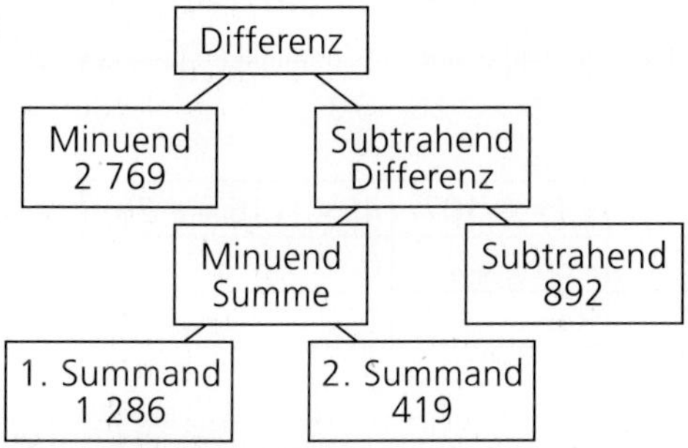

b)

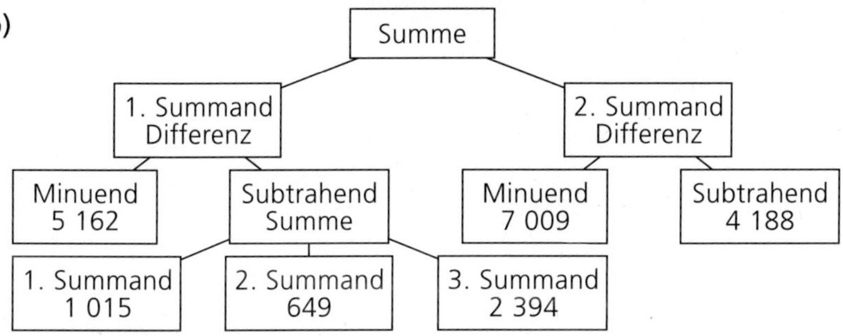

4. a) 2 486 + (1234 – 529) = 2 486 + 705 = 3 191
b) (1 + 4 + 9 + 16 + 25) – (2 + 3 + 5 + 7) = 55 – 17 = 38

5. a) Markt 24 887 €, Bahnhof 17 789 €, Park 23 039 €, Zentrum 29 580 €
Gesamteinnahmen 95 295 €
b) 24 887 € – 17 789 € = 7 098 €
c) 1. Woche 22 420 €, 2. Woche 22 613 €, 3. Woche 25 164 €, 4. Woche 25 098 €.
Die Einnahmen waren in der 3. Woche am größten.

6. a) 108 + 49 = 109 + 48 = 157
b) 984 – 10 = 974

7. 957 + 62 + (62 – 13) + 2 · (62 – 13) + 27 = 957 + 62 + 49 + 98 + 27 = 1 193.
Der Kilometerzähler zeigt 1 193 km.

Lösungen zu Kapitel 3: Die ganzen Zahlen

1.

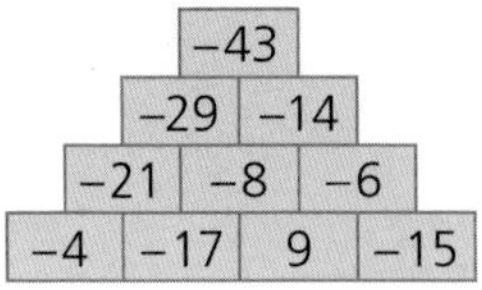

2. a) –50 b) 60 c) 10 d) 70 e) 100 f) –10

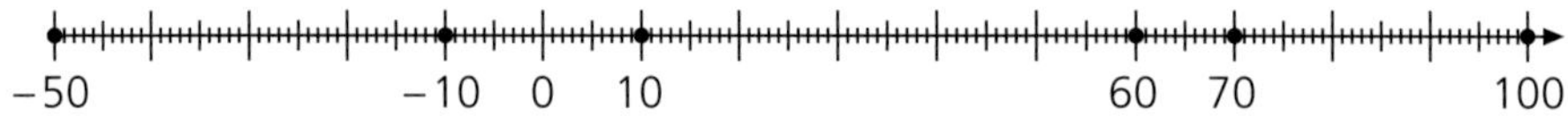

3.

Term	–39 – 58	74 – (–21)	23 + (–107)	45 + [–16 + (–29)]
Termwert	–97	95	–84	0
Betrag des Termwerts	97	95	84	0

0 < 84 < 95 < 97

4. –96 – 83 = –179 Der Betrag von –179 ist 179.

5. a) 2 962 – (–396) = 3 358 Die Zugspitze liegt 3 358 m höher als der Ort Sodom.
b) –9 219 – (–10 924) = 1 705 Der Pazifik ist 1 705 m tiefer als der Atlantik.
c) 8 848 – (–10 924) = 19 772 Der Höhenunterschied beträgt 19 772 m.

6. a) (–41 – 59) + (19 + 31) + [(–27) – (–27)] = –100 + 50 + 0 = –50
b) [161 + (–61)] + (31 + 69) = 100 + 100 = 200
c) (108 + 42) + (–67 + 17) – (–8) = 150 – 50 + 8 = 108
d) 255 + (–119) + (–81) – (–345) = [255 – (–345)] + [(–119) + (–81)] = 600 + (–200) = 400

7.

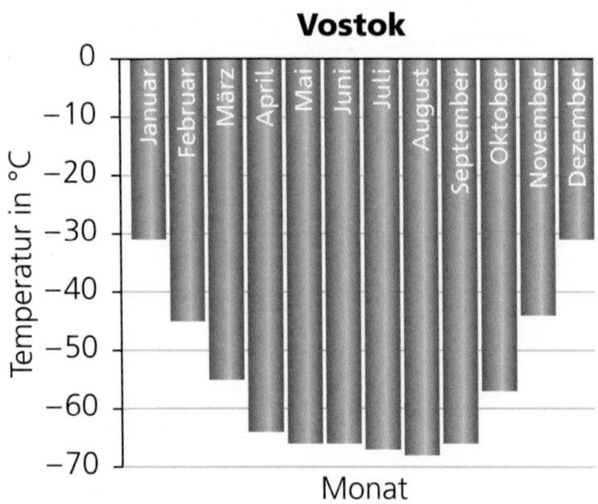

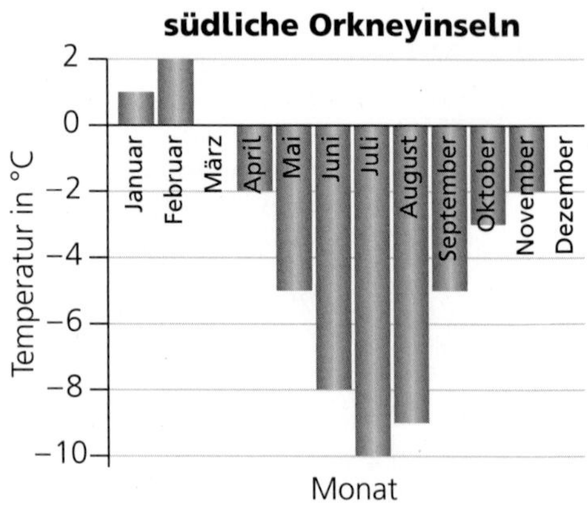

Temperaturdifferenzen in aufeinanderfolgenden Monaten in Vostok:
–14, –10, –9, –2, 0, –1, –1, 2, 9, 13, 13
Temperaturdifferenzen in aufeinanderfolgenden Monaten auf den südlichen Orkneyinseln:
1, –2, –2, –3, –3, –2, 1, 4, 2, 1, 2

Lösungen zu Kapitel 4: Geometrische Grundbegriffe

1. dreiseitige Pyramide: e = 4, f = 4, k = 6; e + f − k = 4 + 4 − 6 = 2 ✓
Quader: e = 8, f = 6, k = 12; e + f − k = 8 + 6 − 12 = 2 ✓
vierseitige Pyramide: e = 5, f = 5, k = 8; e + f − k = 5 + 5 − 8 = 2 ✓

2. **a)** Rechtecke und (rechtwinklige) Dreiecke; (dreiseitiges) Prisma
b) Rechteck und Kreise; Zylinder

3. **a)** Trapez **b)** Raute **c)** Quadrat

4. $\alpha \approx 50°$ $\beta \approx 121°$ $\gamma \approx 285°$

5. **a)** z. B. D (8 | 0) **b)** H (8 | 5) **c)** z. B. S (9 | 6)

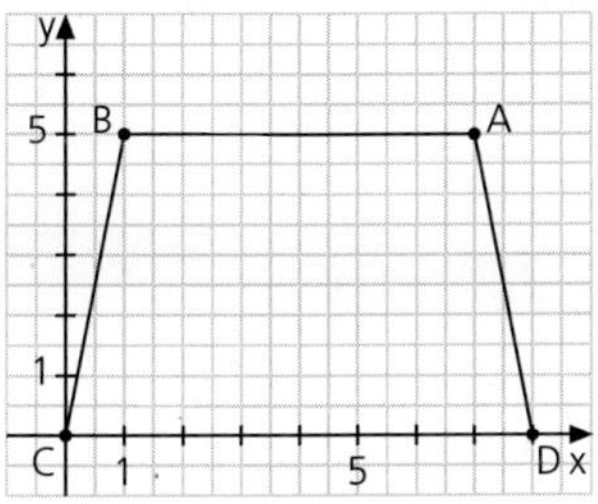

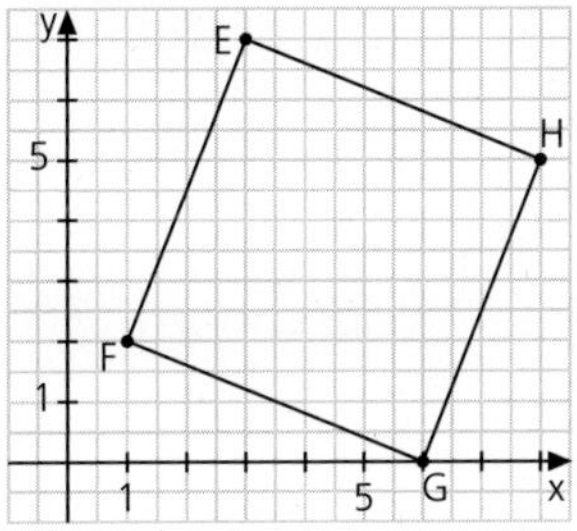

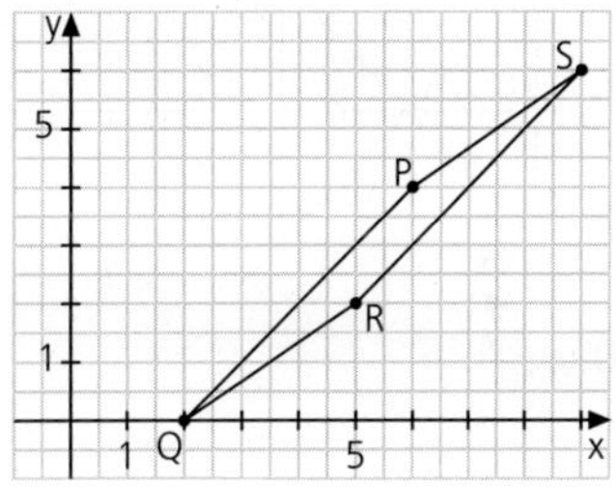

Beim Trapez (Teilaufgabe a)) und beim Parallelogramm (Teilaufgabe c)) gibt es mehr als eine Lösung.

6. **a)**

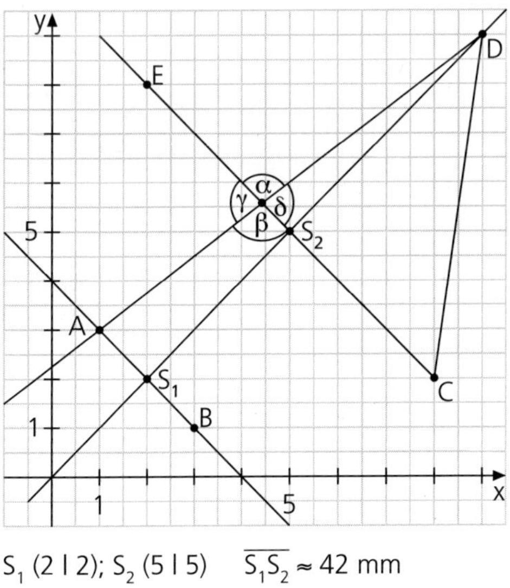

b) S_1 (2 | 2); S_2 (5 | 5) $\overline{S_1S_2} \approx 42$ mm
c) $\alpha = \beta \approx 99°$ $\gamma = \delta \approx 81°$

7. a), b)

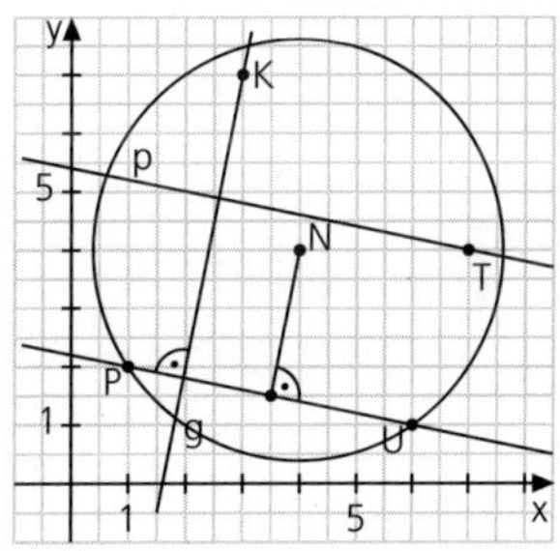

c) d ≈ 2,5 cm
d) N, T und K sind mögliche Punkte

8.

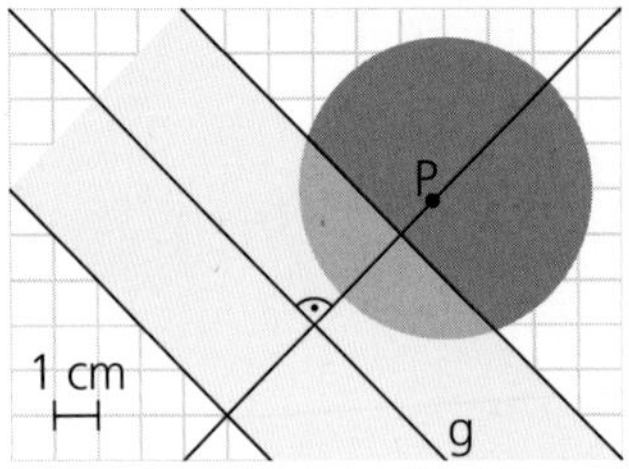

9.

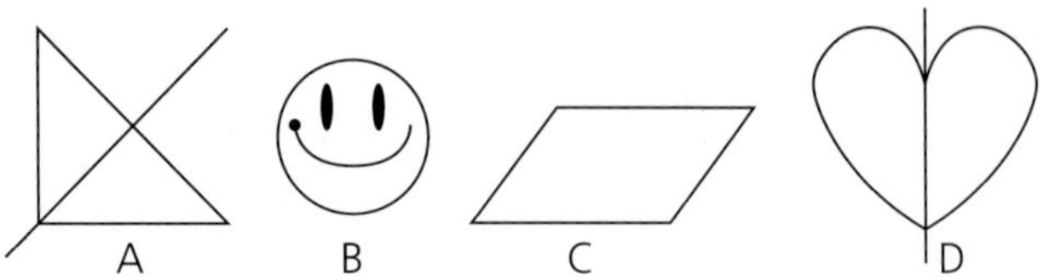

Die Figuren A und D sind achsensymmetrisch.

10. a) Figur A: Quadrat, Figur B: Rechteck, Figur C: (rechtwinkliges) Dreieck, Figur D: (gleichschenkliges) Trapez

b) Die Figuren A und B sind Parallelogramme.

c) Die Figuren A, B und D sind achsensymmetrisch.

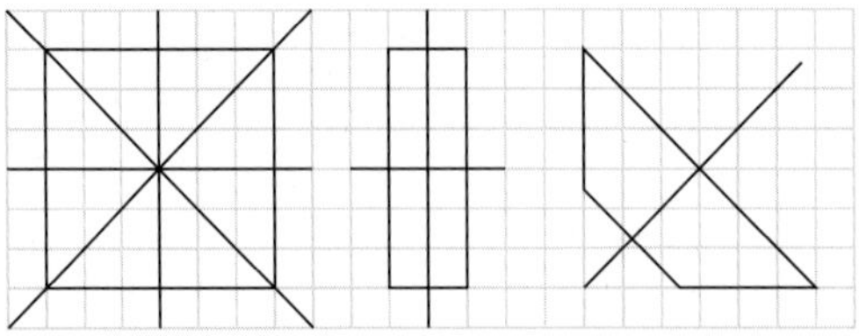

d) $\alpha \approx 135°$

e)

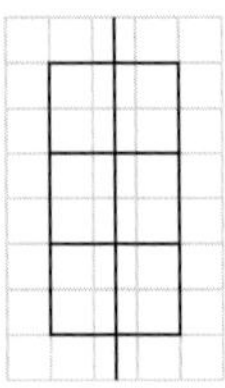

11. a), b)

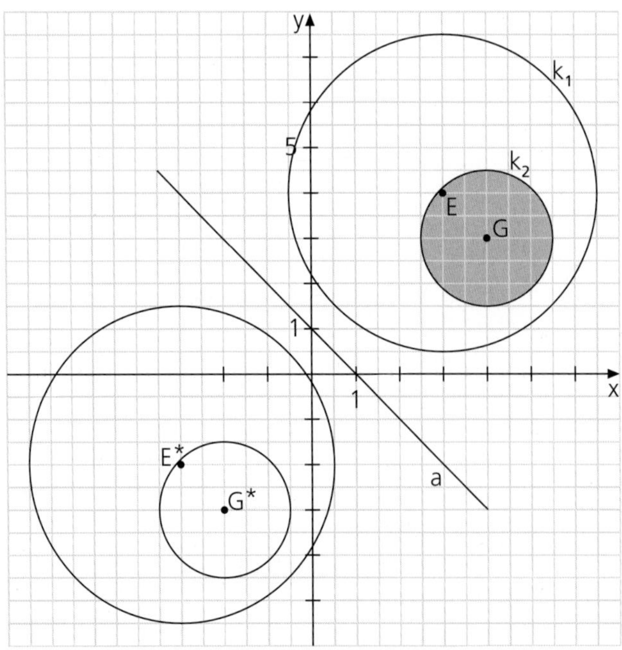

12. a) bis e)

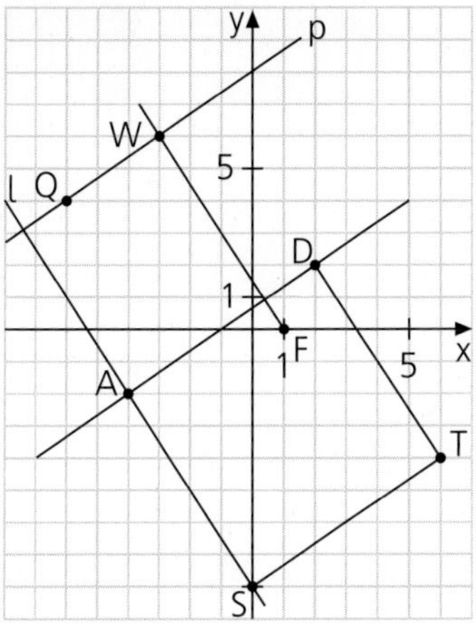

W (–3 | 6)

13. a) Beispiele: ein Rechteck, das kein Quadrat ist; eine Raute, die kein Quadrat ist.

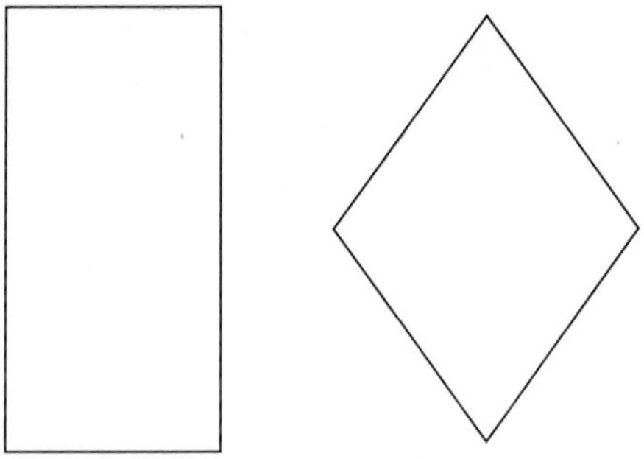

b) Kreis

c) Quadrat

14. 15 Rechtecke

15.

	a)	b)	c)	d)	e)	f)
Anzahl der Teile	2	3	4	5	6	8
Winkelgröße	180°	120°	90°	72°	60°	45°
Art des Winkels	gestreckter Winkel	stumpfer Winkel	rechter Winkel	spitzer Winkel	spitzer Winkel	spitzer Winkel

16. (330 + 70 + 37 + 463) – [(–200) + (–188) + (–12) + (–133) + (–109) + (–105) + (–11) + (–888)] =
900 – [–1 646] = 900 + 1 646 = 2 546 ≈ 3 000

Lösungen zu Kapitel 5: Multiplikation und Division natürlicher Zahlen

1. a) 4 046 b) 337 834 c) 26 d) 203
e) 123 f) 27 g) 987 987 h) 108

2. a) $(125 \cdot 8) \cdot 13 = 1\,000 \cdot 13 = 13\,000$
b) $(7 + 13) \cdot 19 = 20 \cdot 19 = 380$
c) $(37 + 25 - 52) \cdot 31 = 10 \cdot 31 = 310$
d) $(324 + 76) - 24 \cdot 8 = 400 - 192 = 208$
e) $24\,000 : 8 - 168 : 8 = 3\,000 - 21 = 2\,979$
f) $(1\,008 - 1\,000) : 8 = 8 : 8 = 1$
g) $(540 - 525)^2 = 15^2 = 225$
h) $(9\,876 - 5\,432) : 2\,222 = 4\,444 : 2\,222 = 2$
i) $(961 - 651) : 31 = 310 : 31 = 10$

3. a) $212 \cdot 19 - 18^2 : 12 = 4\,028 - 324 : 12 = 4\,028 - 27 = 4\,001$
b) $[9 \cdot (147 + 128)] : (97 - 22) = [9 \cdot 275] : 75 = 2\,475 : 75 = 33$

4. a) $12 \cdot 10^6$ b) $2 \cdot 10^{12}$ c) $7 \cdot 10^9$ d) $4 \cdot 10^4$ e) $95 \cdot 10^6$

5. $(29 + 28 + 27 + 30 + 29 + 24 + 25 + 27) \cdot 3$ € +
$(28 + 31 + 27 + 24 + 24 + 26 + 24 + 27) \cdot 4{,}50$ € + $(25 + 23 + 61) \cdot 6$ € =
$219 \cdot 3$ € + $211 \cdot 4{,}50$ € + $109 \cdot 6$ € = 657 € + 949,50 € + 654 € = 2 260,50 €

6. a) $128 + 54 \cdot (1\,296 - 126) = 128 + 54 \cdot 1\,170 = 128 + 63\,180 = 63\,308$

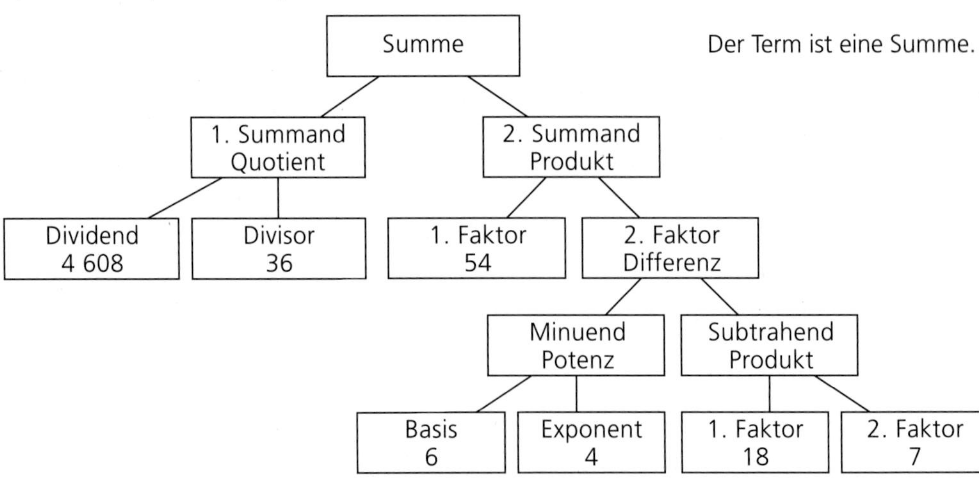

Der Term ist eine Summe.

b) $(540 - 525)^3 = 15^3 = 3\,375$

c) (9 192 – 7 820) : 343 + 444 = 1 372 : 343 + 444 = 4 + 444 = 448

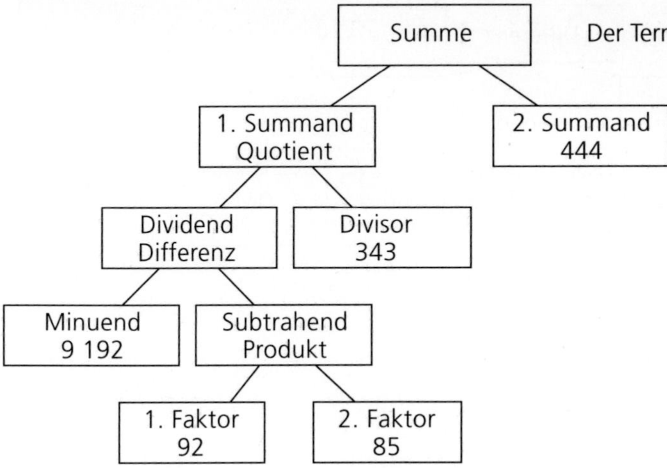

Der Term ist eine Summe.

d) (1 816 – 16 · 63) · 5 = (1 816 – 1 008) · 5 = 808 · 5 = 4 040

e) 33 920 – [12 258 : 54 + 5 040] = 33 920 – [227 + 5 040] = 33 920 – 5 267 = 28 653

f) [31 283 : 109 + 8 099] : [(64 – 36) : 2] = [287 + 8 099] : [28 : 2] = 8386 : 14 = 599

7. a) Die Zahlen sind 39, 40 und 41, ihr Produktwert 63 960.
Tipp: Der Wert der Summe dreier aufeinander folgender natürlicher Zahlen ist gleich dem Dreifachen der mittleren Zahl.

b) Die Zahlen sind 4, 5 und 6, der Wert ihrer Summe 15.

c) Die Zahlen sind 2, 3, 4 und 5, der Wert ihrer Summe 14.

d) 28 + 29 + 30 + 31 = 118 < 120 und 29 + 30 + 31 + 32 = 122 > 120.
Es gibt keine vier aufeinander folgenden natürliche Zahlen mit dem Summenwert 120.

8. a) 3 · 17 = 51; 2 805 : 51 = 55; 55 = 5 · 11. Die Platzhalter stehen für 5 und 11.

b) 2 805 : 33 = 2 805 : (3 · 11) = 5 · 17 = 85
2 805 : 15 = 2805 : (3 · 5) = 11 · 17 = 187
(2 805 · 11) : 55 = (2 805 · 11) : (5 · 11) = 2 805 : 5 = 561

9. a) Busfahrt: 810 €
Gruppenfahrkarte: 2 · 152 € = 304 €
Bayernticket: 2 · (6 · 27 €) = 324 €
304 € < 324 € < 810 €:
Die Gruppenfahrkarte ist am günstigsten.

b) 28 · 135 € – [304 € + 28 · 4 · 26 € + 28 · 15 €] =
3 780 € – [304 € + 2 912 € + 420 €] = 3 780 € – 3 636 € = 144 €
Er hat noch 144 € zur Verfügung.

10. $[64 \cdot (271 + 169)] - 6\,396 : 26 = [64 \cdot 440] - 246 = 28\,160 - 246 = 27\,914$

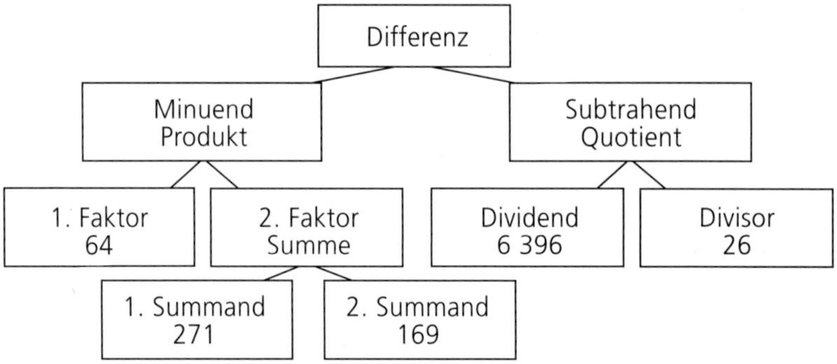

11. a) $4! = 24$ b) $3 \cdot 2 \cdot 4 = 24$ c) $3 \cdot 2 \cdot 1 = 6$

12.

	Term	Art des Terms	Termwert
a)	$27 + 81$	Summe	108
b)	$(31 + 9) \cdot 15$	Produkt	600
c)	$88 \cdot 5 + 8$	Summe	448
d)	$34 - 48 : 8$	Differenz	28
e)	$99 : 9 - 44 : 11$	Differenz	7
f)	$(33 + 44) : 11$	Quotient	7
g)	$45 : 9 + 69 : 23$	Summe	8
h)	$8^2 - 14$	Differenz	50
i)	$(2^5 - 5^2) : 7$	Quotient	1
j)	$(87 + 13) : (99 - 89) + 90$	Summe	100

Lösungen zu Kapitel 6: Multiplikation und Division ganzer Zahlen

1. a) $-91 + 39 + 22 = -30$

b) $32 - 84 - 78 = -130$

c) $(-12 + 37) : (-5) - (-5)^2 = 25 : (-5) - 25 = -5 - 25 = -30$

d) $-260 - 144 = -404$

e) $(-74 - 168) \cdot [324 : (-6) - 24] = -242 \cdot [-54 - 24] = -242 \cdot (-78) = 18\,876$

f) $-14 + 7 - 180 : (-9) = -14 + 7 + 20 = 13$

g) $[248 \cdot (-3) + 256] : 8 - 60 = [-744 + 256] : 8 - 60 = -488 : 8 - 60 = -61 - 60 = -121$

h) $[-8 - 16 \cdot 7] \cdot [125 + 12] = [-8 - 112] \cdot 137 = -120 \cdot 137 = -16\,440$

i) $[-58 - 62] : [-20 - 4] = [-120] : [-24] = 5$

j) $(1 + 2 + 6 + 24 + 120 + 720) : 97 = 873 : 97 = 9$

2. a) $(-4) \cdot 21 + 738 : (-6) = -84 - 123 = -207$

b) $[124 + (-308)]^2 - [(-71) - (-329)] = [-184]^2 - 258 = 33\,856 - 258 = 33\,598$

c) $\{[36 \cdot (-101)] : 2\} \cdot [3\,720 : 24 - (-31)] = \{[-3\,636] : 2\} \cdot [155 + 31] =$
$-1\,818 \cdot 186 = -338\,148$

3. a)

			12 000				
		−80		−150			
	−8		10		−15		
−4		2		5		−3	

b) Bei Multiplikation mit -1 ändert sich der Wert im obersten Stein nicht;
bei Multiplikation mit -2 wird er 256-mal so groß.

4. $3\,500$ € + $2\,000$ € = $5\,500$ €; $17 \cdot 320$ € = $5\,540$ € < $5\,500$ €
$18 \cdot 320$ € = $5\,600$ € > $5\,500$ €
Nach 17 Monaten sperrt die Bank das Konto.

5. a) *Beispiele*: $-864 = 4 \cdot 9 \cdot [(-20) + (-4)]$; $-864 = (-2) \cdot (-18) \cdot [(-1) + (-23)]$

b) *Beispiele*: $-5 = (117 - 12) : [(-3) \cdot 7]$; $-5 = (100 - 200) : [(-4) \cdot (-5)]$

6. a) $(25 - 2) \cdot (13 + 1) = 322$; $25 - 2 \cdot (13 + 1) = -3$

b) $-4 \cdot (8 - 6) + 3 \cdot 15 = 37$; $(-4 \cdot 8 - 6 + 3) \cdot 15 = -525$

7.

	Term	Art des Terms	Termwert
a)	$[24^2 + (-12)^2] : (-72)$	Quotient	$[576 + 144] : (-72) = 720 : (-72) = -10$
b)	$24^2 + (-12)^2 : (-72)$	Summe	$576 + 144 : (-72) = 576 - 2 = 574$
c)	$24^2 - 12^2 : (-72)$	Differenz	$576 - 144 : (-72) = 576 + 2 = 578$
d)	$24 \cdot [24 - 12^2 : (-72)]$	Produkt	$24 \cdot [24 - 144 : (-72)] = 24 \cdot [24 + 2]$ $= 24 \cdot 26 = 624$

Summe aller Termwerte: $-10 + 574 + 578 + 624 = 1\,766 \approx 2\,000$

Lösungen zu Kapitel 7: Größen und ihre Einheiten

1. a) 3 070 mm b) 1 043 min c) 2,378 t
d) 170,3 cm e) 12 m f) 26 min
g) 1 050 g h) 40 m i) 75,5 kg

2. a) 2 kg 600 g b) 2 dm 7 cm 8 mm c) 81 € 43 ct d) 2 d 35 min
e) 15 kg 565 g f) 7 m 5 dm 8 cm g) 5 d 25 min h) 80 kg 800 g
i) 3 m 4 dm 5 cm j) 47 kg 90 g

3.

größer als 2 m	2 m	kleiner als 2 m
205 cm	12 000 m : 6 000	50 cm
3,42 m		234 mm
201 cm		1,95 m
		1 999 mm
		19 dm

4. 4,28 m + 5,85 m = 10 m 13 cm

5. 135 Monate = 11 Jahre 3 Monate; 43 Tage ≈ 1 Monat 13 Tage
a) Pascals Alter: 13 Jahre 4 Monate 13 Tage ≈ 13 Jahre
b) 24 Monate + 135 Monate + 1 Monat + 13 Tage ≈ 160 Monate

6. 312,50 € : 1 250 = 31 250 ct : 1 250 = 25 ct

7. a) 50 000 · 2,5 cm = 125 000 cm = 1,25 km
b) 10 km : 50 000 = 1 000 000 cm : 50 000 = 20 cm

8. a) 2 164 cm = 21,64 m
b) 8 h 15 min + 92 min – 274 min = 313 min = 5 h 13 min
c) 975 kg : 3 – 288,6 kg = 325 kg – 288,6 kg = 36,4 kg
d) (307,2 € – 17 € 40 ct) · 3 + 55 ct = 289,8 € · 3 + 55 ct = 869,4 € + 0,55 € = 869,95 €
e) (14,18 m – 26,6 dm) : (18 cm) = 11,52 m : (18 cm) = 1 152 cm : (18 cm) = 64
f) (9 kg + 18 kg) : 27 = 27 kg : 27 = 1 kg

9. a) 14,050 t – 0,725 t – 3,325 t = 10 t
b) 3 h 14 min + 21 h 4 min = 24 h 18 min = 1 d 18 min
c) 10,90 m + 5,04 m – 4,08 m = 11,86 m
d) (50 cm + 10 cm 25 mm) : 25 = 62,5 cm : 25 = 625 mm : 25 = 25 mm = 2,5 cm
e) 1 h 12 min + 5 h – 1 h 10 min = 5 h 2 min
f) (2 625 g + 489 g) – 1 461 g = 3 114 g – 1 461g = 1 653 g = 1,653 kg

10. a) 120 g = 0,12 kg; 0,012 t = 12 kg; ohne Partner: 1 200 g
b) 122,3 cm = 1 223 mm; 1,223 km = 1223 m; ohne Partner: 122,3 m

11. 3 520 kg + 8 · 315 kg + 12 · 190 kg = 3 520 kg + 2 520 kg + 2 280 kg = 8 320 kg > 7,5 t
Der Lkw darf die Brücke nicht überqueren.

12. 555 · (80 kg + 20 kg + 3,5 kg) = 555 · 103,5 kg = 57 442,5 kg ≈ 60 t.
Zulässiges „Ladegewicht" mindestens etwa 60 t.

13. 20 000 · 26 cm = 5,2 km
Das Schild müsste die Entfernungsangabe 5,2 km (oder gerundet 5 km) tragen.

14. **a)** Breite des Platzes: (0,408 km – 2 · 120 m) : 2 = (408 m – 240 m) : 2 = 168 m : 2 = 84 m

b) 84 m : (2,40 m) = 8 400 cm : (240 cm) = 35
Es sind 35 Bahnen zu mähen; dabei muss er 34-mal wenden.
35 · (3 min 10 s) + 34 · 30 s = 105 min 350 s + 1 020 s = 127 min 50 s = 2 h 7 min 50 s.
Er braucht zum Mähen des Platzes etwa zwei Stunden.

15. ein halbes Gramm = 500 mg
500 mg < 2,0 g < 2,8 g < 60 g < 500 g < 1,5 kg
$m_{\text{Ei eines Kolibris}} < m_{\text{Ei einer Grasmücke}} < m_{\text{Ei eines Kuckucks}} < m_{\text{Hühnerei}} < m_{\text{Ei eines Pinguins}} < m_{\text{Straußenei}}$

16. **a)** 32 cm + (24 cm – 16 cm) + (32 cm – 19 cm) + 16 cm + 19 cm + 24 cm = 112 cm
Oder: 2 · 32 cm + 2 · 24 cm = 64 cm + 48 cm = 112 cm

b) 16 · a + 8 · b = 16 · 12 mm + 8 · 7 mm = 192 mm + 56 mm = 24,8 cm

c) 35 cm + (16 cm + 70 mm + 31 cm + 47 mm) + 299 mm + 47 mm + 164 mm + 31 cm + 293 mm + 70 mm + 18 cm + 16 cm = 246 cm

17. 3 · 2 · (250 m + 192 m) = 6 · 442 m = 2 652 m

18. **a)** 2 · 11,5 cm + 2 · 11 cm + 5,5 cm + 5 cm – 3,5 cm = 55,5 cm – 3,5 cm = 52 cm
200 · 52 cm = 104 m

b) Das Einzäunen von 10 m kostet 105 €, das von 1 m kostet 10,5 €.
Gesamtpreis: 104 · 10,5 € = 1 092 €.

19. **a)** 46 € + 46 € : 4 + 2 · 32 € + 32 € : 2 = 46 € + 11,50 € + 64 € + 16 € = 137,5 €

b) 2 · 6,16 € + 7,86 € + 7 · 0,80 € + 3 · 5,92 € + 5,92 € : 2 =
12,32 € + 7,86 € + 5,60 € + 17,76 € + 2,96 € = 46,5 €

c) 137,5 € + 46,5 € = 184 €

Lösungen zu Kapitel 8: Fläche und Flächenmessung

1. a) 1 200 dm^2 b) 140 m^2 c) 0,1209 m^2
d) 34 700 m^2 e) 20 441 mm^2 f) 71,5 a
g) 1 006 m^2 h) 13,50 dm^2 i) 1 145 ha

2. a) 120 dm^2 + 546 dm^2 = 666 dm^2
b) 5 m^2
c) (750 cm^2 – 360 cm^2) : 13 = 390 cm^2 : 13 = 30 cm^2
d) 550 ha : (11 ha) = 50
e) 1 a 2 m^2
f) 10 m^2 : 20 = 1 000 dm^2 : 20 = 50 dm^2

3.

	a)	b)	c)	d)	e)
Länge eines Rechtecks	12 cm	9 dm 2 cm	75 m	176 m	4 m (3 m)
Breite dieses Rechtecks	8 cm	0,85 m	24 m	25 m	3 m (4 m)
Flächeninhalt dieses Rechtecks	96 cm^2	7 820 cm^2	1 800 m^2 = 18 a	44 a	12 m^2
Umfangslänge dieses Rechtecks	40 cm	354 cm	0,198 km	402 m	14 m

4. Breite des Rechtecks: b_R = 48 dm^2 : (8 dm) = 6 dm
Umfangslänge des Rechtecks: $U_R = 2 \cdot (8\ dm + 6\ dm) = 28\ dm$
Seitenlänge des Quadrats: $U_{Quadrat} = U_R = 28\ dm$; $a_{Quadrat} = 28\ dm : 4 = 7\ dm$
Flächeninhalt des Quadrats: $A_{Quadrat} = (7\ dm)^2 = 49\ dm^2 > A_R$

5. 81 600 € : (30 · 16) = 81 600 € : 480 = 170 €

6. Umfangslänge von Hanakos Garten: $U_Q = 4 \cdot 24\ m = 96\ m$
Flächeninhalt von Hanakos Garten: $(24\ m)^2 = 576\ m^2$
Breite von Yokos Garten: 576 m^2 : (32 m) = 18 m
Umfangslänge von Yokos Garten: 2 · (18 m + 32 m) = 100 m
Der Umfang des Gartens von Yokos Familie ist (um 4 m) länger.

7. Jede Seite von Olegs Schachbrett (innen, ohne Rand) ist (8 · 3 cm =) 24 cm lang. Jede Seite des Schachbretts (außen, einschließlich Rand) ist (24 cm + 2 · 4 cm =) 32 cm lang.
Der Flächeninhalt des ganzen Schachbretts beträgt somit
(32 cm · 32 cm =) 1 024 cm^2 = 10,24 dm^2.

8. a) $A = 2 \cdot (2{,}44\ m)^2 + 3 \cdot (2{,}44\ m \cdot 6{,}1\ m) \approx 56{,}56\ m^2$ 56,56 : 12 ≈ 5
Man braucht etwa 5 Liter Farbe.
b) 65 · 56,56 m^2 = 3 676,4 m^2. 3 676,4 : 12 ≈ 306.
Man braucht etwa 306 Liter Farbe, also 31 10-Liter-Eimer. Diese kosten zusammen (31 · 24,50 € =) 759,5 €, also etwa 760 €.

9. a) $2 \cdot (13{,}5\ cm \cdot 4{,}5\ cm + 7{,}5\ cm \cdot 3\ cm) + 10\ cm \cdot 3\ cm + 7{,}5\ cm \cdot 10\ cm +$
$4{,}5\ cm \cdot 10\ cm + 10{,}5\ cm \cdot 10\ cm + 13{,}5\ cm \cdot 10\ cm + 12\ cm \cdot 10\ cm =$
$2 \cdot (6\,075\ mm^2 + 2\,250\ mm^2) + 30\ cm^2 + 75\ cm^2 + 45\ cm^2 + 105\ cm^2 +$
$135\ cm^2 + 12\ cm^2 = 2 \cdot 8\,325\ mm^2 + 510\ cm^2 = 166{,}50\ cm^2 + 510\ cm^2 = 676{,}5\ cm^2$
oder:
$2 \cdot (12\ cm \cdot 10\ cm) + 2 \cdot (13{,}5\ cm \cdot 10\ cm) + 2 \cdot (13{,}5\ cm \cdot 4{,}5\ cm) + 2 \cdot (7{,}5\ cm \cdot 3\ cm) =$
$240\ cm^2 + 270\ cm^2 + 121{,}5\ cm^2 + 45\ cm^2 = 676{,}5\ cm^2$

b) $2 \cdot (18\ cm \cdot 16\ cm + 18\ cm \cdot 8\ cm + 16\ cm \cdot 8\ cm) - 4 \cdot (6\ cm)^2 + 8 \cdot (6\ cm \cdot 8\ cm) =$
$2 \cdot (288\ cm^2 + 144\ cm^2 + 128\ cm^2) - 4 \cdot 36\ cm^2 + 8 \cdot 48\ cm^2 =$
$2 \cdot 560\ cm^2 - 144\ cm^2 + 384\ cm^2 = 1\,120\ cm^2 - 144\ cm^2 + 384\ cm^2 = 1\,360\ cm^2$

10.

Länge des Sandkastens außen	$7 \cdot 1$ m	$6 \cdot 1$ m	$5 \cdot 1$ m	$4 \cdot 1$ m	$3 \cdot 1$ m
Länge des Sandkastens innen	$5 \cdot 1$ m	$4 \cdot 1$ m	$3 \cdot 1$ m	$2 \cdot 1$ m	$1 \cdot 1$ m
Breite des Sandkastens außen	$3 \cdot 1$ m	$4 \cdot 1$ m	$5 \cdot 1$ m	$6 \cdot 1$ m	$7 \cdot 1$ m
Breite des Sandkastens innen	$1 \cdot 1$ m	$2 \cdot 1$ m	$3 \cdot 1$ m	$4 \cdot 1$ m	$5 \cdot 1$ m
Flächeninhalt des Sandkastens	5 m^2	8 m^2	9 m^2	8 m^2	5 m^2
			Bei diesen Abmessungen ist die Fläche am größten.		

11. Der Oberflächeninhalt des Restkörpers ist genau so groß wie der des Quaders, also
$2 \cdot (15\ cm \cdot 15\ cm) + 4 \cdot (15\ cm \cdot 10\ cm) =$
$2 \cdot 225\ cm^2 + 4 \cdot 150\ cm^2 =$
$450\ cm^2 + 600\ cm^2 =$
$1\,050\ cm^2$

12. Individuelle Lösungen
Beispiele:

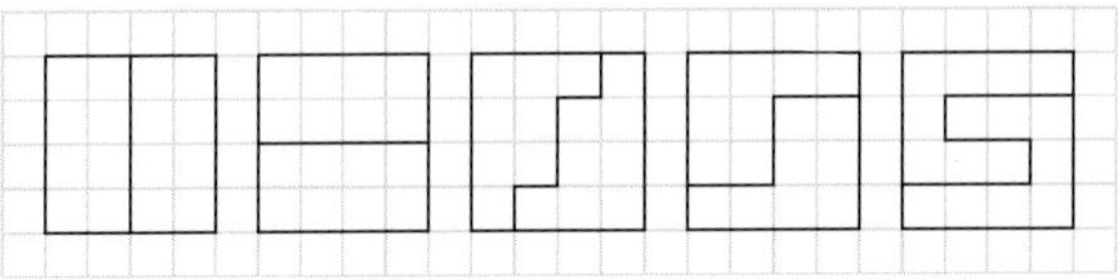

Lösungen zu Kapitel 9: Bruchteile und Bruchzahlen

1. a) $\frac{3}{4} = 75\%$ b) $\frac{7}{16} \approx 44\%$ c) $\frac{20}{36} = \frac{5}{9} \approx 56\%$ (grün); $\frac{16}{36} = \frac{4}{9} \approx 44\%$ (gelb) d) $\frac{21}{32} \approx 66\%$

2.

unechter Bruch	$\frac{17}{5}$	$\frac{21}{8}$	$\frac{7}{3}$	$\frac{47}{6}$	$\frac{63}{10}$	$\frac{117}{9}$	$\frac{55}{2}$	$\frac{74}{11}$	$\frac{171}{13}$	$\frac{237}{50}$	$\frac{196}{14}$
gemischte Zahl	$3\frac{2}{5}$	$2\frac{5}{8}$	$2\frac{1}{3}$	$7\frac{5}{6}$	$6\frac{3}{10}$	13	$27\frac{1}{2}$	$6\frac{8}{11}$	$13\frac{2}{13}$	$4\frac{37}{50}$	14
Es fehlen	$\frac{3}{5}$	$\frac{3}{8}$	$\frac{2}{3}$	$\frac{1}{6}$	$\frac{7}{10}$	1	$\frac{1}{2}$	$\frac{3}{11}$	$\frac{11}{13}$	$\frac{13}{50}$	1

3. $\frac{7}{3}$ $\frac{17}{5}$ $\frac{11}{7}$ $\frac{19}{4}$ $\frac{26}{9}$ $\frac{23}{3}$ $\frac{19}{13}$ $\frac{31}{6}$ $\frac{101}{12}$ $\frac{120}{11}$

4. a) 9 kg b) 56 m c) 32 € d) 65 m^2
e) 33 € f) 3,80 € g) 75 min h) 2 €

5. $\frac{21}{48} = \frac{7}{16}$; $\frac{12}{48} = \frac{1}{4}$; $\frac{15}{48} = \frac{5}{16}$

Frau Sauer erhält $\frac{7}{16}$ von 64 896 €, also 28 392 €;
Frau Süß erhält $\frac{1}{4}$ von 64 896 €, also 16 224 €;
Herr Bitter erhält $\frac{5}{16}$ von 64 896 €, also 20 280 €.

6. a) 35 l b) 60 c) $83\frac{1}{3}$ d) 90 m e) 65 f) 25,20

7. a) $\frac{10}{15}$ und $\frac{9}{15}$ b) $\frac{9}{12}$ und $\frac{10}{12}$ c) $\frac{15}{40}$ und $\frac{22}{40}$ d) $\frac{48}{60}$ und $\frac{35}{60}$ e) $\frac{85}{90}$ und $\frac{21}{90}$

8. $\frac{3}{4}$ $\frac{1}{4}$ $\frac{4}{5}$ $\frac{2}{3}$ $\frac{34}{71}$ $\frac{3}{5}$ $\frac{11}{17}$ $\frac{1}{2}$ $\frac{19}{54}$ $\frac{2}{3}$ 6 $\frac{1}{4}$ $\frac{1}{6}$ 60

9. a) $\frac{3}{4} = \frac{9}{12} = \frac{18}{24} = \frac{27}{36} = \frac{36}{48} = \frac{45}{60} = \frac{54}{72} = \frac{63}{84} = \frac{72}{96}$;
$\frac{5}{12} = \frac{10}{24} = \frac{15}{36} = \frac{20}{48} = \frac{25}{60} = \frac{30}{72} = \frac{35}{84} = \frac{40}{96}$;
$\frac{15}{27} = \frac{30}{54}$; $\frac{7}{36} = \frac{14}{72}$

b) $\frac{3}{4} = \frac{69}{92} = \frac{72}{96} = \frac{75}{100} = \frac{78}{104} = \frac{81}{108}$; $\frac{5}{12} = \frac{40}{96} = \frac{45}{108}$; $\frac{15}{27} = \frac{60}{108}$; $\frac{7}{36} = \frac{21}{108}$

c) $\frac{3}{4} = \frac{12}{16} = \frac{24}{32} = \frac{36}{48} = \frac{48}{64} = \frac{60}{80} = \frac{72}{96}$;
bei $\frac{5}{12}$, $\frac{15}{27}$ und $\frac{7}{36}$ gibt es keine wertgleichen Brüche, die die angegebenen Bedingungen erfüllen.

Lösungen zu Kapitel 10: Dezimalzahlen

1. $\frac{75}{100} = 0{,}75 = 75\%$; $\frac{6}{10} = 0{,}6 = 60\%$; $\frac{5}{100} = 0{,}05 = 5\%$; $\frac{12}{100} = 0{,}12 = 12\%$;
$\frac{875}{1\,000} = 0{,}875 = 87{,}5\%$; $\frac{7}{10} = 0{,}7 = 70\%$; $\frac{5\,625}{10\,000} = 0{,}5625 = 56{,}25\%$; $\frac{72}{100} = 0{,}72 = 72\%$;
$\frac{35}{100} = 0{,}35 = 35\%$; $\frac{36}{1\,000} = 0{,}036 = 3{,}6\%$; $\frac{96}{1\,000} = 0{,}096 = 9{,}6\%$

Der kleinste Bruch ist $\frac{9}{250}$, der größte ist $\frac{7}{8}$.

2. $\frac{9}{5} = 1\frac{4}{5}$; $\frac{599}{100} = 5\frac{99}{100}$; $\frac{13}{20}$; $\frac{201}{100} = 2\frac{1}{100}$; $\frac{13\,105}{1\,000} = 13\frac{21}{200}$; $\frac{5}{8}$; $\frac{1}{400}$

5,99 unterscheidet sich von der nächstgrößeren natürlichen Zahl am wenigsten (um 0,01), 0,0025 am meisten (um 0,9975).

3. a)

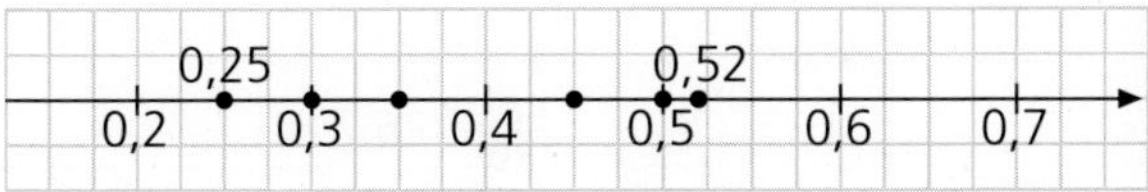

b) Zwischen den Bildpunkten der Zahlen 0,25 und 0,52 liegen z. B. die Bildpunkte der Zahlen 0,3; 0,35; 0,45 und 0,50.

4. a) 0,35 b) 0,55 c) 5,62 d) 4,665 e) 0,149 f) 0,5

5. $\frac{3}{20} = 0{,}15$; $1\frac{9}{200} = 1{,}45$; $1\frac{2}{5} = 1{,}4$; $\frac{5}{2} = 2{,}5$

$\frac{3}{20} < 0{,}22 < 1{,}02 < 1{,}2 < 1\frac{2}{5} < 1{,}405 < 1\frac{9}{200} < \frac{5}{2}$

6. a) 5,7 cm ≈ 6 cm b) 3,027 kg ≈ 3,03 kg c) 20,8 ha ≈ 21 ha
d) 6,0007 km ≈ 6 001 m e) 5,99 hl ≈ 6 hl f) 8,75 h ≈ 9 h

7. a) $\frac{4}{25} = 0{,}16 = 16\%$ b) $\frac{3}{15} = \frac{1}{5} = 0{,}2 = 20\%$ c) $\frac{2\frac{1}{4}}{3} = \frac{\frac{9}{4}}{3} = \frac{3}{4} = 0{,}75 = 75\%$

8. 100 g + 150 g + 200 g + 50 g = 500 g

a) Nüsse gerieben: $\frac{100}{500} = \frac{1}{5} = 0{,}2 = 20\%$; Nüsse gehackt: $\frac{150}{500} = \frac{3}{10} = 0{,}3 = 30\%$
Zucker: $\frac{200}{500} = \frac{2}{5} = 0{,}4 = 40\%$; Mehl : $\frac{50}{500} = \frac{1}{10} = 0{,}1 = 10\%$

b)

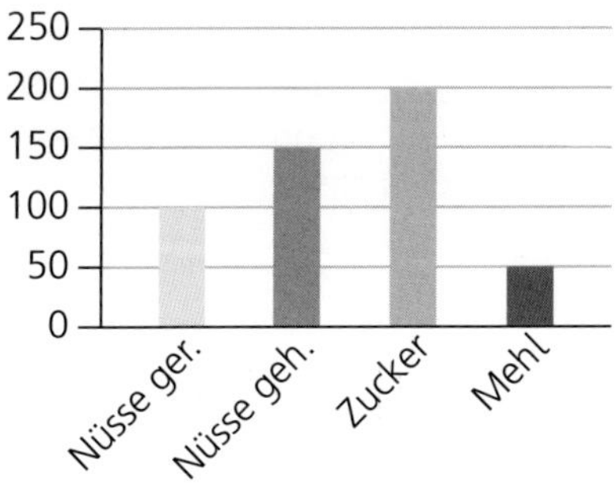

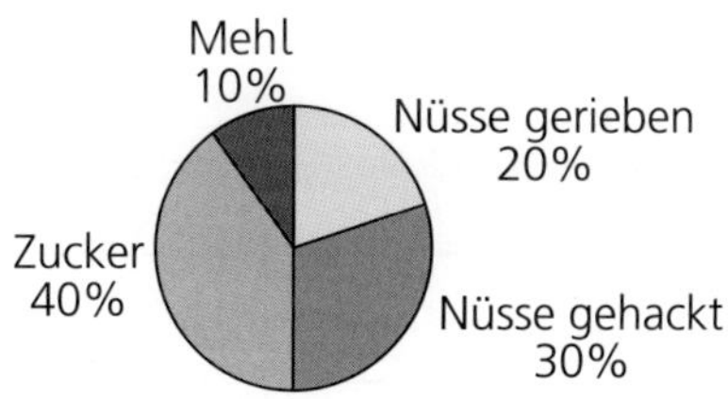

9. Zeit für die Ausgabe einer Tasse Kaffee:

Automat A: $\frac{35}{50}$ min = 0,70 min

Automat B: $\frac{60}{45}$ min = $1\frac{1}{3}$ min

Automat C: $\frac{72}{100}$ min = 0,72 min

Der Automat A ist der schnellste, der Automat B der langsamste.

Lösungen zu Kapitel 11: Relative Häufigkeit

1. a)

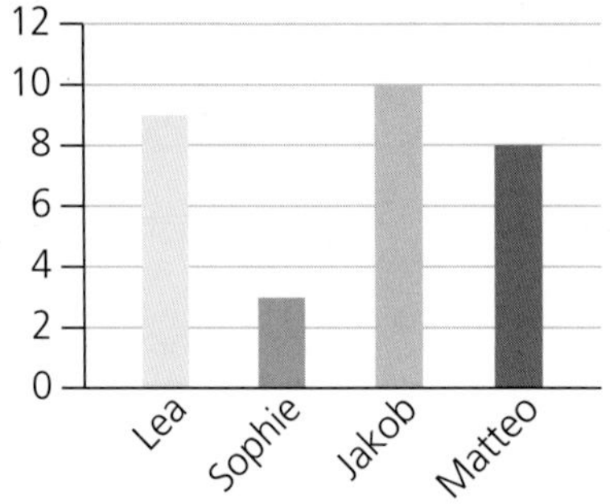

b) Lea $\frac{9}{30} = 30{,}0\%$ Sophie $\frac{3}{30} = 10{,}0\%$

Jakob $\frac{10}{30} \approx 33{,}3\%$ Matteo $\frac{8}{30} \approx 26{,}7\%$

c)

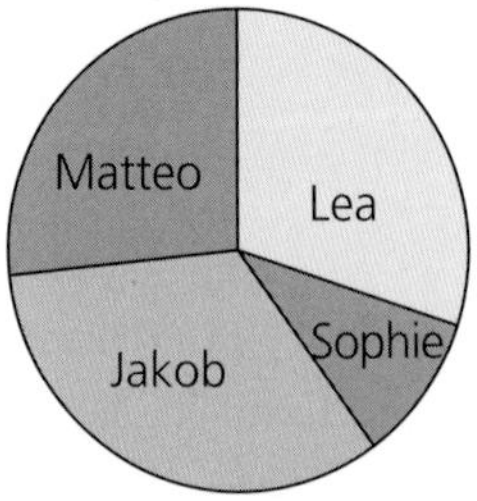

Zentriwinkel:
Lea: 108° Jakob: 120°
Sophie: 36° Matteo: 96°

d) Es wurden 30 Stimmen abgegeben. Für die absolute Mehrheit benötigt ein Kandidat / eine Kandidatin mehr als die Hälfte aller Stimmen, in diesem Fall also mindestens 16.

2. a) $\frac{2}{10} = \frac{1}{5} = 0{,}20 = 20\%$ b) $\frac{15}{120} = \frac{1}{8} = 0{,}125 = 12{,}5\%$ c) $\frac{12}{25} = 0{,}48 = 48\%$

d) $\frac{21}{30} \approx 0{,}70 = 70\%$ e) $\frac{10}{25} = 0{,}40 = 40\%$

3. Individuelle Lösungen

4. a)

Schüler-gruppe	The Rocking Kids	Die lustigen 8	Zahnarzt-töchter	Louis und die Lateiner	Vollkorn-brot
Anzahl der Stimmen	144	60	352	136	108
rel. Häufigkeit	18%	7,5%	44%	17%	13,5%

b)

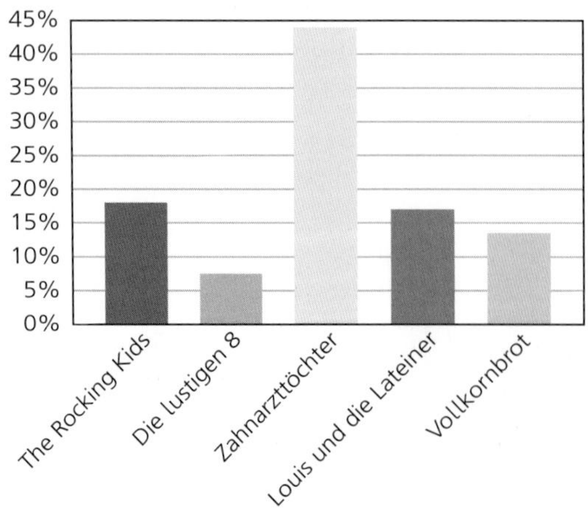

c)

Schüler-gruppe	The Rocking Kids	Die lustigen 8	Louis und die Lateiner	Vollkorn-brot
Anzahl der Stimmen	212	152	226	210
rel. Häufigkeit	26,5%	19%	28,25%	26,25%

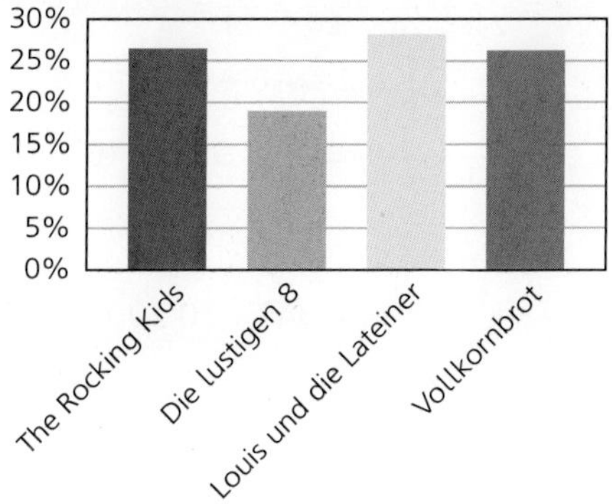

5. Falsch gelöst wurden zwei der zehn Aufgaben, nämlich

a) f (1 005 : 5 = 201) und **b)** f ($3 \cdot 5^2 = 75$), also 20%. Es wurden also 80% der zehn Aufgaben richtig gelöst.

6.

Note	1	2	3	4	5	6
Anzahl	3	5	8	10	2	2
Anteil	$\frac{3}{30}$	$\frac{5}{30}$	$\frac{8}{30}$	$\frac{10}{30}$	$\frac{2}{30}$	$\frac{2}{30}$
Zentriwinkel	36°	60°	96°	120°	24°	24°

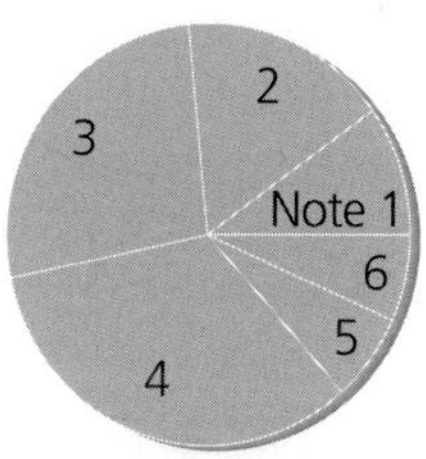

Lösungen zu Kapitel 12: Addition und Subtraktion nichtnegativer rationaler Zahlen

1. **a)** $0{,}5 = \frac{1}{2}$ (B) **b)** $0{,}875 = \frac{7}{8}$ (E) **c)** $4{,}9 = 4\,\frac{9}{10}$ (R) **d)** $\frac{16}{12} - \frac{9}{12} + \frac{5}{12} = 1$ (L)

e) $5\frac{1}{5} - 3\frac{1}{5} + 0 + \frac{1}{100} = 2\frac{1}{100} = 2{,}01$ (I) **f)** $\frac{40}{190} - \frac{27}{90} + \frac{2}{90} - \frac{15}{90} = \frac{0}{90} = 0$ (N)

LÖSUNGSWORT: BERLIN

2. **a)** 4,4 **b)** $(4{,}7 + 5{,}3) + (2{,}5 - 1{,}25) = 10 + 1{,}25 = 11{,}25$

c) $\left(1\frac{1}{9} + 8\frac{8}{9}\right) + \left(4\frac{2}{3} - 3\frac{2}{3}\right) = 10 + 1 = 11$

d) $2\frac{3}{6} + 1\frac{4}{6} - 3\frac{5}{6} = \frac{1}{3}$

e) $3\frac{16}{36} - \left(\frac{18}{36} + \frac{42}{36} - \frac{27}{36}\right) = 2\frac{52}{36} - \frac{33}{36} = 2\frac{19}{36}$

f) 7 **g)** $28{,}34 - 9{,}626 = 18{,}714$

h) $17\frac{1}{2} - \left(4\frac{3}{6} + 9\frac{4}{6}\right) + (4{,}2 - 3{,}4) = 17\frac{1}{2} - 13\frac{7}{6} + 0{,}8 = 17\frac{3}{6} - 14\frac{1}{6} + \frac{4}{5} = 3\frac{5}{15} + \frac{12}{15} = 4\frac{2}{15}$

i) $(4{,}400 - 3{,}125 + 1{,}350) - \left[2{,}5 - \left(\frac{6}{12} + \frac{8}{12} + \frac{9}{12}\right)\right] = 2{,}625 - \left[\frac{30}{12} - \frac{23}{12}\right] = 2\frac{5}{8} - \frac{7}{12} = 2\frac{15}{24} = 2\frac{1}{24}$

j) $\left(\frac{3}{10}+\frac{1}{3}\right)+\left(\frac{6}{10}-\frac{1}{4}\right)+1\frac{1}{15}=\left(\frac{9}{30}+\frac{10}{30}\right)+\left(\frac{12}{20}-\frac{5}{20}\right)+1\frac{1}{15}=$
$=\frac{19}{30}+\frac{7}{20}+1\frac{1}{15}=\frac{38}{60}+\frac{21}{60}+1\frac{4}{60}=1\frac{63}{60}=2\frac{1}{20}$

k) 12,047 + 16,75 – (10,23 + 4,60 – 0,8) + 21,233 =
28,797 – 14,030 + 21,233 = 14,767 + 21,233 = 36

l) $\left(\frac{7}{8}-\frac{6}{8}\right)+\left(\frac{11}{12}-\frac{10}{12}\right)+\left(\frac{23}{24}-\frac{22}{24}\right)=\frac{1}{8}+\frac{1}{12}+\frac{1}{24}=\frac{3}{24}+\frac{2}{24}+\frac{1}{24}=\frac{6}{24}=\frac{1}{4}$

m) $\left(13+6\frac{1}{6}\right)+\left(3\frac{9}{12}-1\frac{5}{12}\right)-8\frac{1}{2}=19\frac{1}{6}+2\frac{1}{3}-8\frac{1}{2}=19\frac{1}{6}+2\frac{2}{6}-8\frac{3}{6}=21\frac{3}{6}-8\frac{3}{6}=13$

n) $\left(\frac{3}{6}+\frac{4}{6}\right)-\left(\frac{21}{18}-\frac{16}{18}\right)+9\frac{1}{9}=\frac{7}{6}-\frac{5}{18}+9\frac{2}{18}=\frac{21}{18}-\frac{5}{18}+9\frac{2}{18}=\frac{16}{18}+9\frac{2}{18}=10$

7 der 14 Ergebnisse, also 50%, sind größer als 6.

3. a) $\frac{2}{3}+\frac{4}{3}$; $1\frac{3}{8}+0{,}625$; $1{,}52+\frac{12}{25}$; $0{,}75+\frac{5}{4}$; 1,552 + 0,448; $0{,}20+1\frac{4}{5}$

b) 1. Zeile: $\frac{400}{600}+1\frac{225}{600}+1\frac{312}{600}+\frac{450}{600}=2\frac{1387}{600}=4\frac{187}{600}$

2. Spalte: $1\frac{15}{40}+\frac{8}{40}+1\frac{32}{40}=3\frac{15}{40}=3\frac{3}{8}$

c) Es sind 6 Paare, die jeweils den Summenwert 2 haben: 6 · 2 = 12.

d) $1\frac{4}{5}-0{,}2=1{,}6$

4. Familie Klein: Individuelle Lösungen
(500 € – 412,59 € =) 87,71 €
Familie Trepl: Individuelle Lösungen
(625 € – 476,88 € =) 148,12 €
Bei beiden Familien reicht der Rest des Gelds noch für ein Mittagessen.

5. $1-\left(\frac{2}{3}+0{,}125\right)=\frac{24}{24}-\left(\frac{16}{24}+\frac{3}{24}\right)=\frac{24}{24}-\frac{19}{24}=\frac{5}{24}$.

5 Schüler/Schülerinnen entsprechen $\frac{5}{24}$ der Klasse. Demnach sind 24 Schüler/Schülerinnen in der Klasse. In die Klasse 6A gehen 10 Mädchen und (24 – 10 =) 14 Jungen.

6. 4,500 l + 0,625 l + 0,200 l + 4 · 0,700 l = 5,325 l + 2,800 l = 8,125 l

7. a) 2,800 kg – 1,625 kg + 0,675 kg = 1,85 kg

b) 2,050 m + 1,245 m – 1,560 m = 1,735 m

c) 52,20 m^2 – 25,00 m^2 – 6,25 m^2 = 21,25 m^2

d) 13 h 35 min + 6 h 45 min + 12 min – 9 h = 11 h 32 min

Passende Aufgaben: Individuelle Lösungen

Lösungen zu Kapitel 13: Multiplikation und Division nichtnegativer rationaler Zahlen

1. a) $(6{,}5 + 2{,}7) \cdot 0{,}5 - 9{,}2 \cdot 0{,}5 = 9{,}2 \cdot 0{,}5 - 9{,}2 \cdot 0{,}5 = 0$

b) $(8{,}2 + 10{,}8) : \frac{1}{2} - 14 \cdot \frac{1}{2} = 19 \cdot 2 - 14 \cdot 2 = 5 \cdot 2 = 10$

c) $0{,}0144 : 0{,}6 = 0{,}144 : 6 = 0{,}024$

d) $3\frac{7}{9} - \frac{6}{9} = 3\frac{1}{9}$

e) $\left(3{,}875 - \frac{6}{9} \cdot \frac{7}{4}\right) \cdot 0{,}64 = \left(3\frac{7}{8} - \frac{7}{6}\right) \cdot \frac{64}{100} = \left(2\frac{45}{24} - \frac{28}{24}\right) \cdot \frac{16}{25} = \frac{65}{24} \cdot \frac{16}{25} = \frac{26}{15} = 1\frac{11}{15}$

f) $2\frac{5}{6} - \frac{5}{6} \cdot \frac{5}{4} = 2\frac{20}{24} - \frac{25}{24} = 1\frac{19}{24}$

g) $\left(1\frac{2}{7} + 3\frac{2}{7}\right) \cdot \frac{1}{8} = 4\frac{4}{7} \cdot \frac{1}{8} = \frac{32}{7} \cdot \frac{1}{8} = \frac{4}{7}$

h) $\left(\frac{3}{4} \cdot \frac{10}{3} - \frac{1}{3}\right) : \frac{11}{7} - \frac{2}{9} \cdot \frac{9}{4} = \left(4 - \frac{1}{3}\right) \cdot \frac{7}{11} - \frac{1}{2} = \frac{11}{3} \cdot \frac{7}{11} - \frac{1}{2} = \frac{14}{6} - \frac{3}{6} = \frac{11}{6} = 1\frac{5}{6}$

i) $\frac{7}{9} - \left(\frac{4}{9} - \frac{1}{9}\right) = \frac{7}{9} - \frac{3}{9} = \frac{4}{9}$

j) $\frac{91}{81} - \left(\frac{4}{9} - \frac{1}{9}\right)^2 = \frac{91}{81} - \left(\frac{3}{9}\right)^2 = \frac{91}{81} - \frac{9}{81} = 1\frac{1}{81}$

k) $\left[\left(\frac{1}{15} - \frac{1}{15}\right) : \frac{8}{30} + 0{,}5\right] \cdot \frac{3}{2} = [0 + 0{,}5] \cdot \frac{3}{2} = \frac{1}{2} \cdot \frac{3}{2} = \frac{3}{4}$

l) $\left(\frac{7}{12} + \frac{1}{3}\right) \cdot \frac{6}{11} + \frac{1}{4} \cdot \frac{2}{1} = \frac{11}{12} \cdot \frac{6}{11} + \frac{1}{2} = \frac{1}{2} + \frac{1}{2} = 1$

(1) $\left(\frac{2}{12} \approx\right)$ 17% der Terme sind Summen.

(2) $\left(\frac{6}{12} =\right)$ 50% der Terme sind Differenzen.

(3) $\left(\frac{2}{12} \approx\right)$ 17% der Terme sind Quotienten.

2. a) $\left[\left(2\frac{3}{4} + 1{,}6\right) - \left(\frac{3}{5}\right)^2\right] : 3 = \left[\left(2\frac{15}{20} + 1\frac{12}{20}\right) - \frac{9}{25}\right] : 3 = \left[3\frac{27}{20} - \frac{9}{25}\right] : 3 = \left[3\frac{135}{100} - \frac{36}{100}\right] : 3 =$
$3\frac{99}{100} : 3 = 1\frac{33}{100} = 1{,}33$

b) $(3{,}7 \cdot 0{,}2 + 0{,}224 : 0{,}7) : \left(1\frac{1}{5} - 0{,}4\right) = (0{,}74 + 0{,}32) : 0{,}8 = 1{,}06 : 0{,}8 = 1{,}325$

c) $\left[11{,}\overline{6} - 3 \cdot \left(\frac{7}{8} + 2{,}375\right)\right] \cdot \left(1\frac{7}{20} : 0{,}225\right) = \left[11\frac{6}{9} - 3 \cdot \left(\frac{7}{8} + 2\frac{3}{8}\right)\right] \cdot \left(\frac{27}{20} : \frac{225}{100}\right)$
$= \left[11\frac{2}{3} - 3 \cdot 3\frac{1}{4}\right] \cdot \left(\frac{27}{20} \cdot \frac{1\,000}{225}\right) = \left[11\frac{8}{12} - 9\frac{9}{12}\right] \cdot \frac{3 \cdot 50}{25} = \frac{23}{12} \cdot \frac{6}{1} = 11{,}5$

d) $\left(0{,}1875 \cdot 2\frac{2}{15}\right) : \left(5{,}12 - 4\frac{4}{5}\right) + \frac{1}{3} \cdot 4{,}875 = 0{,}4 : 0{,}32 + 1{,}625 = 1{,}25 + 1{,}625 = 2{,}875$

3. $182 = 2 \cdot 7 \cdot 13$ $\quad \frac{1}{2} \cdot \frac{1}{7} \cdot \frac{1}{13} = \frac{1}{182}$

$\frac{1}{2} + \frac{1}{7} + \frac{1}{13} = \frac{91}{182} + \frac{26}{182} + \frac{14}{182} = \frac{131}{182}$

4. a) $\frac{11}{12} = 0{,}5$; $\frac{13}{25} = 0{,}52$; $\frac{9}{16} = 0{,}5625$; $\frac{7}{10} = 0{,}7$; $\frac{4}{7} = 0{,}\overline{571428}$; $\frac{15}{60} = 0{,}25$;
$\frac{33}{55} = 0{,}6$; $\frac{17}{64} = 0{,}265625$; $\frac{36}{27} = 1{,}\overline{3}$; $\frac{0}{120} = 0$

$\frac{0}{120} < \frac{15}{60} < \frac{17}{64} < \frac{11}{22} < \frac{13}{25} < \frac{9}{16} < \frac{4}{7} < \frac{33}{55} < \frac{7}{10} < \frac{36}{27}$

b) Wert des Produkts dieser zehn Zahlen: 0

5. (2,0822 ha – 1,0052 ha) : 3,59 a = 1,0770 ha : 3,59 a = 107,70 a : 3,59 a = 30

6. Größe eines Fußballplatzes etwa 68 m · 105 m = 7 140 m^2
Größe eines Parkplatzes etwa 6 m · 2,50 m = 15 m^2
Anzahl der Parkplätze (ohne Berücksichtigung der Zufahrt): 7 140 m^2 : (15 m^2) ≈ 476

7. $4{,}2\text{ m} \cdot 3{,}6\text{ m} = 15{,}12\text{ m}^2 = 1\,512\text{ dm}^2$; $20\text{ cm} \cdot 10\text{ cm} = 2\text{ dm}^2$;
$1512\text{ dm}^2 : 2\text{ dm}^2 = 756$; $1\frac{1}{12} \cdot 756 = 819$. Er bestellt (vermutlich) 820 Platten.

8.

a	b	a + b	a – b	a · b	a : b
3	$2\frac{1}{6}$	$5\frac{1}{6}$	$\frac{5}{6}$	$6\frac{1}{2}$	$1\frac{5}{13}$
2,1	$\frac{4}{5}$	2,9	1,3	1,68	2,625
$\frac{3}{4}$	0,5	1,25	0,25	0,375	1,5
1	0,5	1,5	$\frac{1}{2}$	0,5	2
$3\frac{2}{3}$	1,6	$5\frac{4}{15}$	$2\frac{1}{15}$	$5\frac{13}{15}$	$2\frac{7}{24}$

9. a) $\left(\frac{11}{9} \cdot \frac{9}{11} + \frac{16}{45} \cdot \frac{9}{8} - \frac{1}{2} \cdot \frac{2}{5}\right) : \frac{3}{10} + \frac{7}{10} \cdot \frac{80}{7} = \left(1 + \frac{2}{5} - \frac{1}{5}\right) \cdot \frac{10}{3} + 8 = \frac{6}{5} \cdot \frac{10}{3} + 8 = 4 + 8 = 12$

b) $\left[\left(\frac{7}{4} \cdot \frac{4}{3} - 2\right) : \left(\frac{7}{10} + \frac{2}{15}\right) + 8\frac{3}{5}\right] : \left[\frac{56}{10} \cdot \frac{20}{7} - 11\frac{1}{2}\right] = \left[\left(\frac{7}{3} - 2\right) : \left(\frac{21}{30} + \frac{4}{30}\right) + 8\frac{3}{5}\right] : \left[16 - 11\frac{1}{2}\right]$
$= \left[\frac{1}{3} : \frac{25}{30} + 8\frac{3}{5}\right] : 4\frac{1}{2} = \left[\frac{2}{5} + 8\frac{3}{5}\right] : 4\frac{1}{2} = 9 : 4\frac{1}{2} = 2$

c) $\frac{3}{4} \cdot \frac{5 \cdot 8}{3} \cdot \frac{9}{4} - \left[\left(\frac{25}{2} + 40\right) \cdot \frac{1}{25}\right] = 22\frac{1}{2} - \left[52\frac{1}{2} \cdot \frac{1}{25}\right] = 22\frac{1}{2} - 2\frac{1}{10} = 20\frac{2}{5} = 20{,}4$

d) $\dfrac{27 \cdot \left(3\frac{14}{30} + 10\frac{21}{30}\right)}{5\frac{28}{60} - 2\frac{55}{60}} = \dfrac{27 \cdot 14\frac{1}{6}}{2\frac{33}{60}} = \dfrac{382\frac{1}{2}}{2\frac{11}{20}} = 382{,}5 : 2{,}55 = 150$

e) $\dfrac{\frac{4}{11} \cdot \frac{33}{4} + \frac{1}{18} : \left(2\frac{7}{18} - 2\frac{1}{6}\right)}{\frac{1}{24}} = \left(3 + \frac{1}{18} : \frac{4}{18}\right) \cdot 24 = \left(3 + \frac{1}{4}\right) \cdot 24 = 78$

10. a) 17,03 b) 0,72 c) 10,09 d) 0,10 e) 5,48

11. a) 4 200 b) 75 c) 42 d) 0,56 e) 1 f) 42

12. a) 7,5 b) 7,5 c) 150 d) 75 e) 150 f) 1
g) 150 h) $75^2 = 5\,625$ i) $150^2 : 2 = 11\,250$ j) 37,5

13. Mögliche Beispiele:
a) $1 : 0{,}1 = 10$; $2 : 0{,}2 = 10$
b) $3\frac{1}{3} \cdot 1 = 3\frac{1}{3}$; $3\frac{3}{4} \cdot \frac{8}{9} = 3\frac{1}{3}$
c) $3 \cdot 0 = 0$; $2{,}5 \cdot 0 = 0$
d) $1 \cdot 1 = 1$; $\frac{4}{3} \cdot 0{,}75 = 1$
e) $0{,}5 : 0{,}01 = 50$; $1 : 0{,}02 = 50$
f) $3{,}8 + 1{,}2 = 5$; $3{,}9 + 1{,}1 = 5$

14. a) $\frac{1}{3} - \frac{1}{4} = \frac{1}{12} = \frac{1}{3} \cdot \frac{1}{4}$;
$\frac{3}{5} - \frac{3}{8} = \frac{9}{40} = \frac{3}{5} \cdot \frac{3}{8}$;
$\frac{4}{7} - \frac{4}{11} = \frac{16}{77} = \frac{4}{7} \cdot \frac{4}{11}$

b) $2 + 2 = 2 \cdot 2$
$\frac{3}{2} + 3 = \frac{9}{2} = \frac{3}{2} \cdot 3$
$\frac{5}{4} + 5 = \frac{25}{4} = \frac{5}{4} \cdot 5$

15. a) $\frac{1}{2} > \left(\frac{1}{2}\right)^2$ b) $\frac{3}{4} \cdot \frac{5}{8} < \frac{3}{4} : \frac{5}{8}$ c) $10 : \frac{1}{100} > 10 \cdot \frac{1}{100}$ d) $0{,}75 \cdot 12 < 12 : 0{,}75$
e) $0 + \frac{1}{6} = 0 : \frac{1}{2} + \frac{1}{6}$ f) $(-121) : (-11) = 1 : \frac{1}{11}$ g) $0{,}12 : 1{,}2 > 0{,}12^2$

16. a) (125 g : 31,1 g) · 568 € ≈ 2 282,96 €

b) $(2\text{cm})^3 = 8\ \text{cm}^3$; 125 g : 19,3 $\frac{\text{g}}{\text{cm}^3} \approx 6{,}5\ \text{cm}^3$; Das Gold genügt nicht.

17. 6% von 250 g sind 15 g. Alle Packungen mit weniger als 235 g und alle Packungen mit mehr als 265 g werden aussortiert.

a) Es werden 6 Packungen (232,6 g, 262,2 g, 234,0 g, 269,8 g, 267,3 g und 220,1 g) aussortiert, also können 9 von 15 Packungen, das sind ($\frac{9}{15} \approx$) 60% der Packungen verkauft werden.

b) Mittelwert:
(261,0 g + 242,1 g + 237,9 g + 232,6 g + 235,7 g + 262,2 g + 250,4 g + 234,0 g + 269,8 g + 267,3 g + 260,3 g + 220,1 g + 252,6 g + 260,5 g + 236,5 g) : 15 =
3 723,0 g : 15 = 248,2 g
Der Mittelwert weicht vom Sollwert um 1,8 g, das sind 0,72%, ab.

18. Oberflächeninhalt:
2 · (16,0 cm · 4,5 cm + 16,0 cm · 3,0 cm + 4,5 cm · 3,0 cm) =
2 · (72 cm² + 48 cm² + 13,5 cm²) = 2 · 133,5 cm² = 267 cm².
Materialbedarf: 5 000 · (1,3 · 267 cm²) = 5 000 · 347,1 cm² = 1 735 500 cm² = 173,55 m²

19. Gesamtfahrstrecke: 8 · 26 km = 208 km
Umzugskosten: 65 € + 108 · 0,29 € + 23 · 1,37 € = 65 € + 31,32 € + 31,51 € =
127,83 € ≈ 130 €

Lösungen zu Kapitel 14: Flächeninhalte geradlinig begrenzter Figuren

1.

	g_1	g_2	h_1	h_2	U	A
a)	8 cm	12 cm	6 cm	4 cm	40 cm	48 cm²
b)	4,2 cm	5,4 cm	0,18 dm	1,4 cm	19,2 cm	7,56 cm²
c)	102 m	1 428 m	35 m	25 dm	3,06 km	35,7 a
d)	2,4 cm	$3\frac{2}{3}$ cm	3,75 cm	$2\frac{5}{11}$ cm	$12\frac{2}{15}$ cm	9 cm²

a) $g_2 = (40\ \text{cm} - 2 \cdot 8\ \text{cm}) : 2 = (40\ \text{cm} - 16\ \text{cm}) : 2 = 24\ \text{cm} : 2 = 12\ \text{cm}$
$A = g_1 \cdot h_1 = 8\ \text{cm} \cdot 6\ \text{cm} = 48\ \text{cm}^2$
$h_2 = A : g_2 = 48\ \text{cm}^2 : (12\ \text{cm}) = 4\ \text{cm}$

b) $g_1 = A : h_1 = 7{,}56\ \text{cm}^2 : (1{,}8\ \text{cm}) = 4{,}2\ \text{cm}$
$h_2 = A : g_2 = 7{,}56\ \text{cm}^2 : (5{,}4\ \text{cm}) = 1{,}4\ \text{cm}$
$U = 2 \cdot (g_1 + g_2) = 2 \cdot (4{,}2\ \text{cm} + 5{,}4\ \text{cm}) = 2 \cdot 9{,}6\ \text{cm} = 19{,}2\ \text{cm}$

c) $g_2 = A : h_2 = 3\,570\ \text{m}^2 : (2{,}5\ \text{m}) = 1\,428\ \text{m}$
$g_1 = (U - 2g_2) : 2 = (3\,060\ \text{m} - 2 \cdot 1\,428\ \text{m}) : 2 = (3\,060\ \text{m} - 2\,856\ \text{m}) : 2 = 204\ \text{m} : 2 = 102\ \text{m}$
$h_1 = A : g_1 = 3\,570\ \text{m}^2 : (102\ \text{m}) = 35\ \text{m}$

d) $A = g_1 \cdot h_1 = 2{,}4\ \text{cm} \cdot 3\frac{3}{4}\ \text{cm} = \frac{12}{5}\ \text{cm} \cdot \frac{15}{4}\ \text{cm} = 9\ \text{cm}^2$
$h_2 = A : g_2 = 9\ \text{cm}^2 : \left(3\frac{2}{3}\ \text{cm}\right) = 9 \cdot \frac{3}{11}\ \text{cm} = 2\frac{5}{11}\ \text{cm}$
$U = 2 \cdot (g_1 + g_2) = 2 \cdot \left(2{,}4\ \text{cm} + 3\frac{2}{3}\ \text{cm}\right) = 12\frac{2}{15}\ \text{cm}$

2. **a)** $A = \frac{1}{2} \cdot 4{,}5\ cm \cdot 3\ cm = 6{,}75\ cm^2$ **b)** Der Flächeninhalt vervierfacht sich.

c) Der Flächeninhalt des neuen Dreiecks beträgt ein Viertel, also 25%, des ursprünglichen Dreiecks.

Begründung: $A^* = \frac{1}{2} \cdot (1{,}5 \cdot 4{,}5\ cm) \cdot (1{,}5\ cm) = 5{,}0625\ cm^2$;

$A - A^* = 6{,}75\ cm^2 - 5{,}0625\ cm^2 = 1{,}6875\ cm^2$

$\frac{A - A^*}{A} = \frac{1{,}6875\ cm^2}{6{,}75\ cm^2} = \frac{1}{4}$

3. A) (II) B) (IV) C) (IV) D) (I) E) (III) F) (I)

4. **a)** vgl. Zeichnung

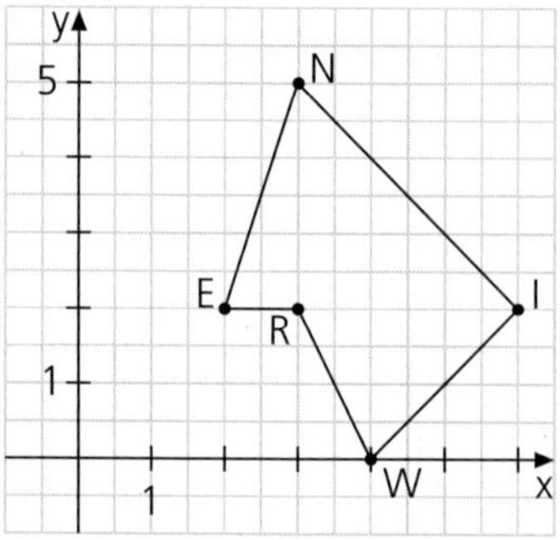

b) $A = \frac{1}{2} \cdot 3\ cm \cdot 2\ cm + \frac{1}{2} \cdot 4\ cm \cdot 3\ cm = 9\ cm^2$

c) *Beispiele*:

(1) Der Flächeninhalt des Fünfecks ändert sich nicht, wenn N parallel zur x-Achse verschoben wird, weil im Dreieck EIN dann die Grundlinie und die Höhe und damit auch der Flächeninhalt gleich bleiben.

(2) A_{ERWIN} ändert sich nicht, wenn der Punkt W auf der x-Achse verschoben wird, weil im Dreieck WIR die Grundlinie und die Höhe gleich bleiben.

5. $\overline{SP} = \overline{SA} = 2{,}5\ cm$; $\overline{QT} = 10\ cm - 4\ cm - \overline{SR} = 3{,}5\ cm$

Dreieck APS: $A_1 = \frac{1}{2} \cdot 2{,}5\ cm \cdot 2{,}5\ cm = 3{,}125\ cm^2$

Dreieck SPR: $A_2 = \frac{1}{2} \cdot 2{,}5\ cm \cdot 3{,}5\ cm = 4{,}375\ cm^2$

Dreieck QBT: $A_3 = \frac{1}{2} \cdot 2{,}5\ cm \cdot 3{,}5\ cm = 4{,}375\ cm^2$

Trapez QTCR: $A_4 = \frac{1}{2} \cdot (3{,}5\ cm + 6\ cm) \cdot 3{,}5\ cm = 16{,}625\ cm^2$

$A = A_1 + A_2 + A_3 + A_4 = 28{,}5\ cm^2$

Lösungen zu Kapitel 15: Körper und ihr Volumen

1. **a)** $15{,}09\ dm^3$ **b)** $8{,}000104\ m^3$ **c)** 30,15 hl **d)** 450 ml
e) 20 km **f)** $0{,}00002\ km^3$ **g)** $20\ m^3$ **h)** 750 l
i) 2,3 hl **j)** $9{,}050\ m^3$ **k)** 3 d

2. **a)** **b)**

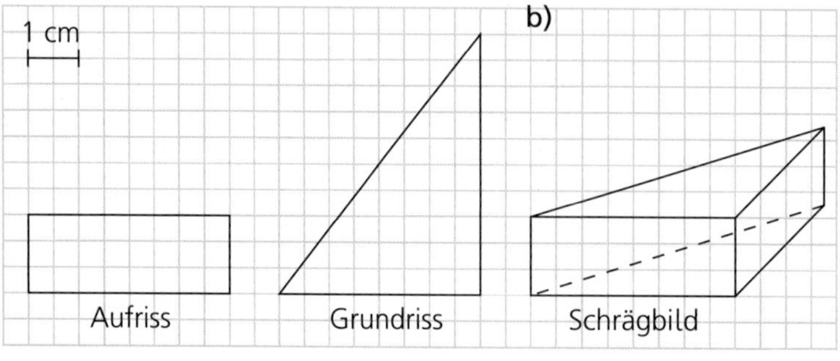

c) Oberflächeninhalt:

$A \approx 2 \cdot \frac{1}{2} \cdot 4\ cm \cdot 5\ cm + 4\ cm \cdot 1{,}5\ cm + 5\ cm \cdot 1{,}5\ cm + 6{,}4\ cm \cdot 1{,}5\ cm =$
$20\ cm^2 + 23{,}1\ cm^2 = 43{,}1\ cm^2$

3. a) Breite des großen Kartons:
$83{,}2\ dm^3 : (6{,}5\ dm \cdot 4\ dm) = 83{,}2\ dm^3 : (26\ dm^2) = 3{,}2\ dm = 32\ cm$

b) *Beispiel*: $l = 65\ cm$, $b = 20\ cm$, $h = 32\ cm$

4. a) $A = 2 \cdot (12\ cm \cdot 4\ cm) + 2 \cdot (12\ cm \cdot 10\ cm) + 2 \cdot (4\ cm \cdot 10\ cm) =$
$96\ cm^2 + 240\ cm^2 + 80\ cm^2 = 416\ cm^2$
$V = 12\ cm \cdot 4\ cm \cdot 10\ cm = 480\ cm^3$

b) $h = 3\,375\ cm^3 : (15\ cm \cdot 15\ cm) = 15\ cm$
$A = 6 \cdot (15\ cm \cdot 15\ cm) = 6 \cdot 225\ cm^2 = 1\,350\ cm^2$

c) $h = 1\,620\ m^3 : (18\ m \cdot 10\ m) = 1\,620\ m^3 : (180\ m^2) = 9\ m$
$A = 2 \cdot (18\ m \cdot 9\ m + 18\ m \cdot 10\ m + 9\ m \cdot 10\ m) =$
$2 \cdot (162\ m^2 + 180\ m^2 + 90\ m^2) = 864\ m^2$

d) $192\ cm^2 - 2 \cdot (6\ cm \cdot 6\ cm) = 192\ cm^2 - 72\ cm^2 = 120\ cm^2$
$h = (120\ cm^2 : 4) : (6\ cm) = 30\ cm^2 : (6\ cm) = 5\ cm$
$V = 6\ cm \cdot 6\ cm \cdot 5\ cm = 180\ cm^3$

Quader	a)	b)	c)	d)
Länge	12 cm	15 cm	18 m	6 cm
Breite	4 cm	15 cm	10 m	6 cm
Höhe	10 cm	15 cm	9 m	5 cm
Oberflächeninhalt	416 cm²	1 350 cm²	864 m²	192 cm²
Volumen	480 cm³	3 375 cm³	1 620 m³	180 cm³

5. a) $V = 0{,}80 \cdot (12\ m \cdot 5{,}5\ m \cdot 1{,}8\ m) = 0{,}80 \cdot 118{,}8\ m^3 = 95{,}04\ m^3 = 95\,040\ l$

b) $A = 12\ m \cdot 5{,}50\ m + 2 \cdot (12\ m \cdot 1{,}8\ m + 5{,}5\ m \cdot 1{,}8\ m) =$
$66\ m^2 + 2 \cdot (21{,}6\ m^2 + 9{,}9\ m^2) = 66\ m^2 + 63\ m^2 = 129\ m^2$

c) Durch Überlegen findet man heraus, dass das Wasser um 17,8 cm steigt.
Rechnung: $h = V_{Wasser} : A_{Fläche} = (12 \cdot 5{,}5 \cdot 0{,}178\ m^3) : (12\ m \cdot 5{,}5\ m) = 0{,}178\ m = 17{,}8\ cm$

6. a) $A = 2 \cdot (13\ cm \cdot 4\ cm) + 4\ cm \cdot 4\ cm + 4\ cm \cdot 5\ cm + 4\ cm \cdot 2\ cm + 4\ cm \cdot 1\ cm +$
$2 \cdot (4\ cm \cdot 5\ cm) + 2 \cdot (5\ cm \cdot 3\ cm) + 2 \cdot (4\ cm \cdot 4\ cm) =$
$104\ cm^2 + 16\ cm^2 + 20\ cm^2 + 8\ cm^2 + 4\ cm^2 + 40\ cm^2 + 30\ cm^2 + 32\ cm^2 = 254\ cm^2$
$V = 4\ cm \cdot 4\ cm \cdot 5\ cm + 5\ cm \cdot 4\ cm \cdot 3\ cm + 4\ cm \cdot 4\ cm \cdot 4\ cm =$
$80\ cm^3 + 60\ cm^3 + 64\ cm^3 = 204\ cm^3$

b) $A = 2 \cdot (10\ cm \cdot 8\ cm) + 2 \cdot (8\ cm \cdot 15\ cm) + 2 \cdot (10\ cm \cdot 15\ cm - 4\ cm \cdot 10\ cm) +$
$2 \cdot (8\ cm \cdot 10\ cm) = 160\ cm^2 + 240\ cm^2 + 220\ cm^2 + 160\ cm^2 = 780\ cm^2$
$V = 10\ cm \cdot 8\ cm \cdot 15\ cm - 4\ cm \cdot 8\ cm \cdot 10\ cm = 1\,200\ cm^3 - 320\ cm^3 = 880\ cm^3$

c) $A = 2 \cdot (18\ dm \cdot 20\ dm) + 2 \cdot (20\ dm \cdot 24\ dm) + 2 \cdot (18\ dm \cdot 24\ dm) - 2 \cdot (8\ dm)^2 +$
$4 \cdot (8\ dm \cdot 20\ dm) = 720\ dm^2 + 960\ dm^2 + 864\ dm^2 + 640\ dm^2 - 128\ dm^2 =$
$3\,056\ dm^2$
$V = 18\ dm \cdot 20\ dm \cdot 24\ dm - (8\ dm)^2 \cdot 20\ dm = 8\,640\ dm^3 - 1\,280\ dm^3 = 7\,360\ dm^3$

Lösungen zu Kapitel 16: Rechnen mit rationalen Zahlen

1. a) $(-2{,}5)$ b) $(-2{,}8)$ c) $(-0{,}4)$ d) $(-2{,}8)$ e) $1{,}36$ f) $1{,}36$

2. a) $\left[2\frac{4}{8}-\frac{5}{8}\right]:(-3{,}64+3{,}8)=1\frac{7}{8}:\frac{4}{25}=\frac{15}{8}\cdot\frac{25}{4}=11\frac{23}{32}$

b) $\left(-1\frac{9}{12}-2\frac{8}{12}\right)\cdot\frac{8}{7}-\frac{368}{15}:\frac{32}{5}=-4\frac{5}{12}\cdot\frac{8}{7}-\frac{368}{15}\cdot\frac{5}{32}=-\frac{106}{21}-\frac{23}{6}=-\frac{212}{42}-\frac{161}{42}=-\frac{373}{42}=-8\frac{37}{42}$

c) $\left[\left(-4\frac{1}{6}\right)\cdot\left(-\frac{8}{15}\right)\right]\cdot\frac{27}{4}-\frac{125}{10\,000}\cdot\left(-\frac{20}{7}\right)=\frac{20}{9}\cdot\frac{27}{4}+\frac{1}{28}=15\frac{1}{28}$

d) $1{,}96+\frac{16}{7}\cdot\frac{21}{8}-(-2{,}835)=1{,}96+6+2{,}835=10{,}795$

3. a) $\left(-1\frac{2}{3}-2{,}5\right):(2{,}5)^2=-\frac{25}{6}:\frac{25}{4}=-\frac{4}{6}=-\frac{2}{3}$

b) $1{,}8\cdot(-4{,}5)-\left(\frac{5}{6}-3{,}5\right)=-8{,}1-\left(-\frac{8}{3}\right)=-8\frac{3}{30}+2\frac{20}{30}=-5\frac{13}{30}$

c) $\frac{25}{66}:1\frac{4}{11}+\left(-\frac{2}{3}\right)^2=\frac{5}{18}+\frac{4}{9}=\frac{5}{18}+\frac{8}{13}=\frac{13}{18}$

4. a) $-1{,}1\overline{6}<-\frac{3}{10}<-\frac{1}{5}<0{,}25<\frac{13}{50}<2{,}\overline{5}$

b) $-1\frac{4}{5}<-1{,}75<-1{,}749<0{,}375<\frac{9}{20}<0{,}5$

c) $-\frac{5}{7}<-\frac{5}{18}<\frac{7}{24}<1\frac{3}{13}<1\frac{3}{7}<1{,}\overline{6}$

d) $-2\frac{9}{10}<-2{,}5<-\frac{1}{6}<0<\frac{2}{7}<3\frac{1}{3}$

5. a) $\left[-4{,}2+\left(-1\frac{3}{4}\right)+2\frac{13}{20}\right]:3=[-4{,}20-1{,}75+2{,}65]:3=-3{,}3:3=-1{,}1$

b) $4\cdot1{,}2925-[(-2{,}8)+(-1{,}48)+10]=5{,}17-5{,}72=-0{,}55$

c) Jahresdurchschnittstemperatur auf Helgoland: (109,3 °C) : 12 ≈ 9,1 °C
Jahresdurchschnittstemperatur auf der Zugspitze: (–57,5 °C) : 12 ≈ –4,8 °C

6. a) $\left(\frac{100}{2}-\frac{7}{20}\cdot\frac{1\,000}{42}\right)\cdot[-1+2{,}3:2{,}5]-\left(\frac{15}{20}+\frac{12}{20}\right)=\left(50-\frac{25}{3}\right)\cdot[-1+0{,}92]-\frac{27}{20}=$
$\frac{125}{3}\cdot\left(-\frac{2}{25}\right)-\frac{27}{20}=-\frac{10}{3}-\frac{27}{20}=-\frac{200}{60}-\frac{81}{60}=-\frac{281}{60}=-4\frac{41}{60}$

b) $\left[\frac{2}{3}-\left(\frac{2}{9}+\frac{1}{6}\right)\right]:\left(-1\frac{19}{36}\right)-\frac{9}{11}\cdot\frac{16}{9}-\left(\frac{4}{9}+\frac{5}{9}\right)^2=\left[\frac{2}{3}-\frac{7}{18}\right]:\left(-\frac{55}{36}\right)-\frac{16}{11}-1^2=$
$\left[\frac{12}{18}-\frac{7}{18}\right]\cdot\left(-\frac{36}{55}\right)-\frac{16}{11}-1=-\frac{5}{18}\cdot\frac{36}{55}-\frac{16}{11}-1=-\frac{2}{11}-\frac{16}{11}-1=-\frac{18}{11}-1=-2\frac{7}{11}$

7. a) $(-0{,}4)^2>-0{,}16$ b) $-0{,}4^2=-\frac{4}{25}$

c) $(-4):\left(-\frac{1}{4}\right)=4^2$ d) $\left(-\frac{1}{4}\right):4^2>-\frac{1}{6^2}$, da $-\frac{1}{64}>-\frac{1}{36}$

e) $(0{,}5-0{,}5^2)^2<0{,}5^2-0{,}5^4$, da $0{,}0625<0{,}1875$ f) $36:(-0{,}2)<36-(-20)$, da $-180<56$

8. a) $\frac{3}{4}:\frac{1}{2}=1\frac{1}{2}$ b) $\frac{1}{2}\cdot\left(-\frac{1}{2}\right)=-\frac{1}{4}$ c) $\frac{2}{3}\cdot\frac{3}{4}=\frac{1}{2}$ d) $\frac{3}{4}\cdot\left(-\frac{1}{2}\right)=-1\frac{1}{2}$

9. a)

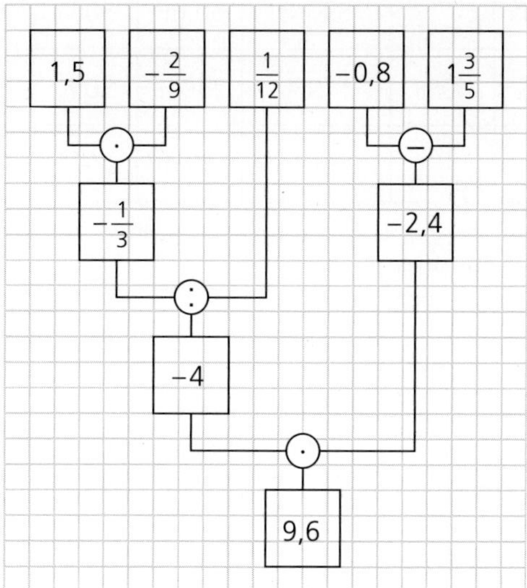

b)

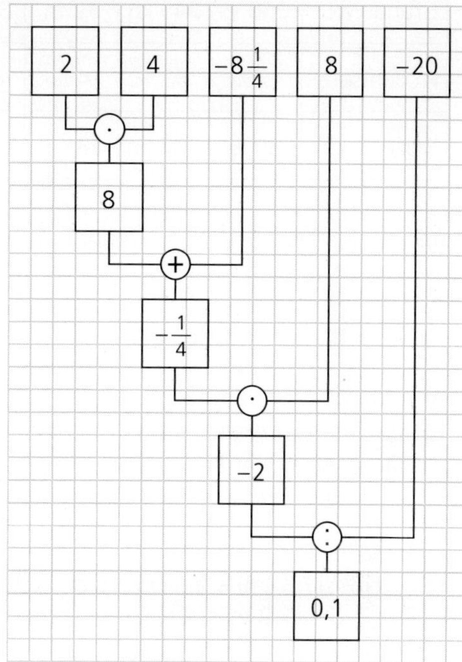

10.

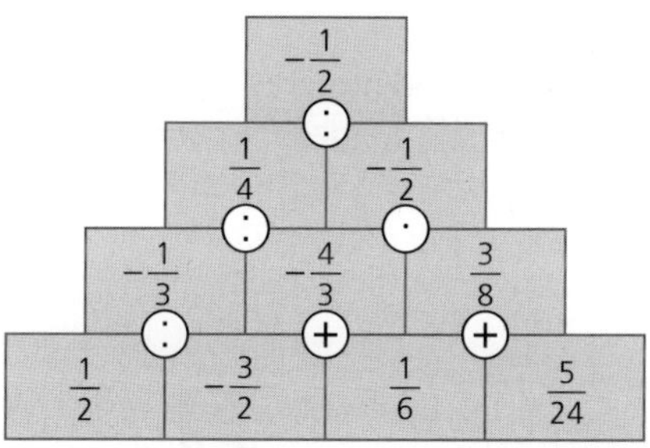

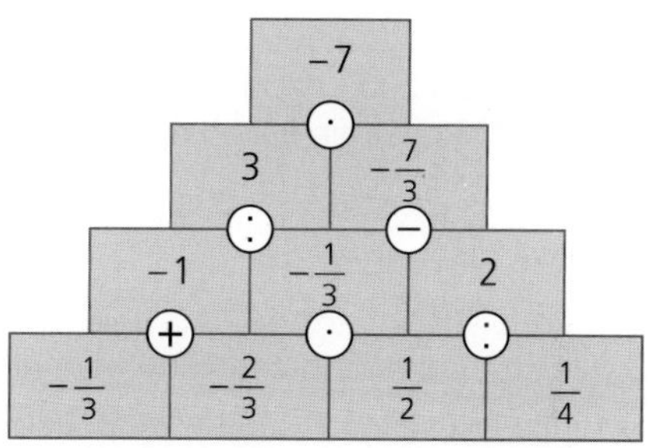

Lösungen zu Kapitel 17: Mathematik im Alltag

1.

$\frac{1}{4}$	$\frac{3}{5}$	$\frac{1}{8}$	$\frac{3}{10}$	$\frac{2}{3}$	$\frac{1}{6}$	$\frac{7}{25}$	$1\frac{1}{2}$	$2\frac{4}{5}$	$\frac{18}{15}$
0,25	0,60	0,125	0,30	$0,\overline{6}$	$0,1\overline{6}$	0,28	1,50	2,8	1,2
25%	60%	12,5%	30%	$66,\overline{6}$%	$16,\overline{6}$%	28%	150%	280%	120%

2. a) $\frac{3}{5}$ von 160 cm² sind 96 cm².

b) $\frac{1}{4}$ von 22,16 € sind 5,54 €.

c) $\frac{5}{8}$ von 11,2 l sind 7 000 ml.

d) $\left(\frac{150\text{ m}}{270\text{ m}} =\right) \frac{5}{9}$ von 270 m sind 0,15 km.

e) 38% von 50 a sind 1 900 m².

f) 95% von 380 kg sind 361 kg.

3.

Grundwert	250 €	345 kg	12 m	8,2 ha	30 Punkte	890 €	60 m^2	50%
Prozentsatz	12%	60%	4%	85%	40%	119%	230%	50%
Prozentwert	30 €	207 kg	48 cm	6,97 ha	12 Punkte	1 059,10 €	138 m^2	25%

4. $0{,}9 \cdot 4 \cdot 2{,}55$ € = 9,18 € Gregor muss 9,18 € bezahlen.

5. a) $0{,}65 \cdot 48{,}80$ € = 31,72 €

b) 57,85 € : 0,65 = 89 €

6. a) 1 cm von 15 cm sind etwa 6,7%.

b) Flächeninhalt des Rechtecks A: (16 cm · 4,5 cm =) 72 cm^2
Flächeninhalt des Rechtecks B: (15 cm · 7,5 cm =) 112,5 cm^2
Der Flächeninhalt des Rechtecks B ist um (112,5 cm^2 – 72 cm^2 =) 40,5 cm^2, das sind $\left(\frac{40{,}5\ cm^2}{72\ cm^2} =\right)$ 56,25% größer als der des Rechtecks A.

c) 72 cm^2 : (7,5 cm) = 9,6 cm; 15 cm – 9,6 cm = 5,4 cm.
Das Rechteck B müsste 9,6 cm lang sein; es müsste um 5,4 cm, also um $(\frac{5{,}4}{15} =)$ 36% kürzer sein als vorher.

7. a) 1999 bis 2002: (42 600 – 43 300 =) 700. 700 von 43 300 ≈ 1,6%
Von 1999 bis 2002 hat die Bevölkerung um etwa 1,6% abgenommen.
Im Jahr 2002 hat die Bevölkerung um (43 800 – 42 600 =) 1 200, das sind etwa $(\frac{1\,200}{43\,800} \approx)$ 2,7% abgenommen.

b) z. B. (42 600 : 883) km^2 ≈ 48 km^2

8. Aus den Zu- und Abnahmen kann man nicht entnehmen, ob Sport am beliebtesten und Nachrichtensendungen am wenigsten beliebt sind.

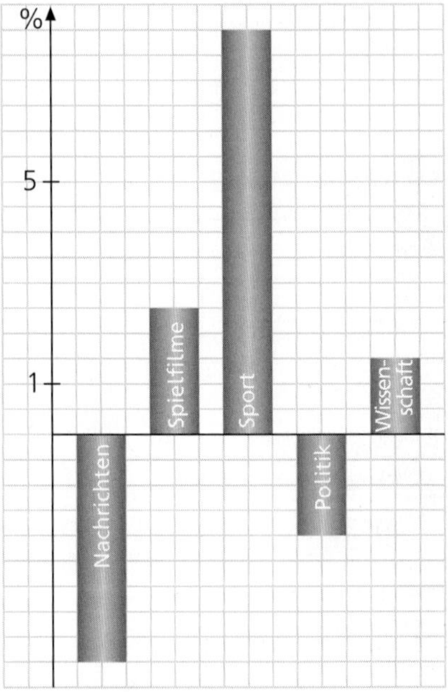

Grundwissentraining Mathematik 5/6

C.C.BUCHNER

delta Grundwissentraining Mathematik 5/6

Herausgegeben von Ulrike Schätz und Franz Eisentraut
Bearbeitet von Christine Eisentraut, Karl-Heinz Sänger und Ulrike Schätz

Gestaltung und Herstellung:
Wildner+Designer GmbH, Fürth · www.wildner-designer.de

Dieses Werk folgt der reformierten Rechtschreibung und Zeichensetzung. Ausnahmen bilden Texte, bei denen künstlerische, philologische oder lizenzrechtliche Gründe einer Änderung entgegenstehen.

1. Auflage 4 3 2016 2015

Die letzte Zahl bedeutet das Jahr dieses Druckes.
Alle Drucke dieser Auflage sind, weil untereinander unverändert, nebeneinander benutzbar.

www.ccbuchner.de

ISBN 978-3-7661-**6136**-9

		Seite
Kapitel 1:	Die natürlichen Zahlen	4
Kapitel 2:	Addition und Subtraktion natürlicher Zahlen	6
Kapitel 3:	Die ganzen Zahlen	8
Kapitel 4:	Geometrische Grundbegriffe	10
Kapitel 5:	Multiplikation und Division natürlicher Zahlen	14
Kapitel 6:	Multiplikation und Division ganzer Zahlen	18
Kapitel 7:	Größen und ihre Einheiten	20
Kapitel 8:	Fläche und Flächenmessung	24
Kapitel 9:	Bruchteile und Bruchzahlen	26
Kapitel 10:	Dezimalzahlen	28
Kapitel 11:	Relative Häufigkeit	30
Kapitel 12:	Addition und Subtraktion nichtnegativer rationaler Zahlen	32
Kapitel 13:	Multiplikation und Division nichtnegativer rationaler Zahlen	34
Kapitel 14:	Flächeninhalte geradlinig begrenzter Figuren	38
Kapitel 15:	Körper und ihr Volumen	40
Kapitel 16:	Das Rechnen mit rationalen Zahlen	42
Kapitel 17:	Mathematik im Alltag	46
Lösungen		

Natürliche Zahlen

Die Zahlen 1, 2, 3, 4, … nennt man natürliche Zahlen.
Die Menge $\mathbb{N} = \{1; 2; 3; 4; \dots\}$ heißt **Menge der natürlichen Zahlen**.
Beispiel: 3 ist ein Element der Menge $\mathbb{N}$ ($3 \in \mathbb{N}$), 0 dagegen nicht ($0 \notin \mathbb{N}$).

Zahlenstrahl

Zur Veranschaulichung der Ordnung der Zahlen verwendet man den **Zahlenstrahl**:

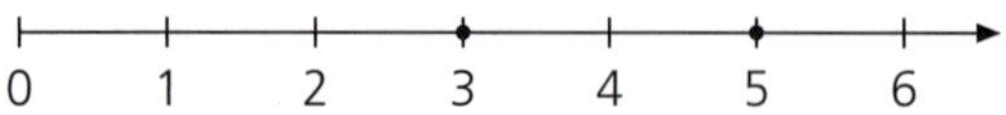

Jede natürliche Zahl (außer der Zahl 1) hat eine natürliche Zahl als Vorgänger.
Jede natürliche Zahl hat eine natürliche Zahl als Nachfolger; es gibt somit unendlich viele natürliche Zahlen.

Zahlen mit besonderen Eigenschaften

Jede **Primzahl** (z.B. 2; 3; 5; 7; 11) hat **genau** zwei Teiler, 1 und sich selbst.

Jede natürliche Zahl (außer 1 und den Primzahlen) kann als Produkt von Primzahlen geschrieben werden (**Primfaktorzerlegung**). *Beispiel:* $90 = 2 \cdot 3 \cdot 3 \cdot 5$

Quadratzahlen: 1; 4; 9; 16; 25; 36; 49; 64; 81; 100; 121; …

Zehnersystem

Der Wert, den eine Ziffer hat, hängt von der Stelle ab, an der sie innerhalb einer Zahl steht. Man spricht deshalb von einem **Stellenwertsystem**.
Beispiel: vierzehn Milliarden siebenhundert Millionen zweihundertvierundneunzigtausendfünf

Zehnerstufen	HMrd	ZMrd	Mrd	HM	ZM	M	HT	ZT	T	H	Z	E
Ziffer		1	4	7	0	0	2	9	4	0	0	5

Stufenzahlen des Zehnersystems: 1; 10; 100; 1 000; 10 000; 100 000; ….

Runden

Für das Runden ist nur die Ziffer von Bedeutung, die der Stelle, auf die gerundet werden soll, unmittelbar folgt.

- Bei den Ziffern 0, 1, 2, 3 und 4 rundet man **ab**.
  Beispiel:
  4 527 ≈ 4 500 (gerundet auf Hunderter)
- Bei den Ziffern 5, 6, 7, 8 und 9 rundet man **auf**.
  Beispiel:
  4 527 ≈ 4 530 (gerundet auf Zehner)

Tabellen und Diagramme

Tabellen und Diagramme dienen der Zusammenfassung und Veranschaulichung von Zahlen.
Beispiel:
Tabelle

Note	1	2	3	4	5	6
Anzahl	2	6	10	6	4	2

Säulendiagramm

Anzahl der Schülerinnen und Schüler

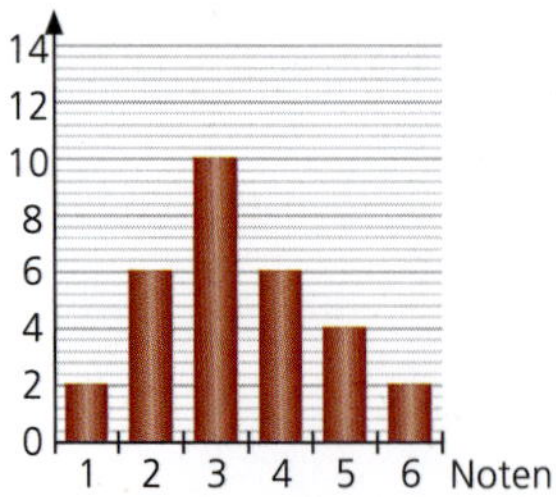

Bilddiagramm

Anzahl der Schülerinnen und Schüler

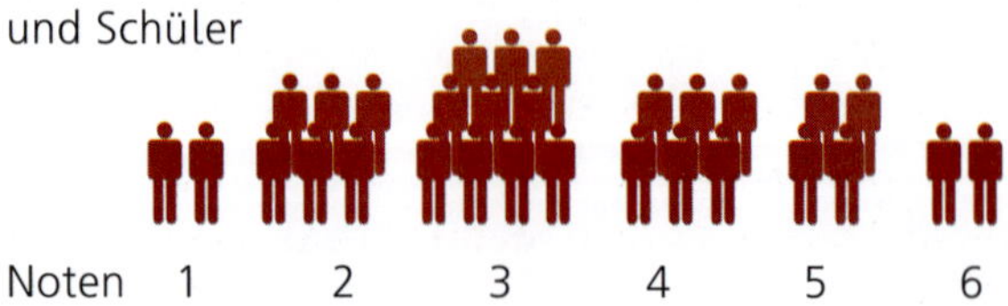

Aufgaben

1. Gib jeweils an, die Bildpunkte welcher natürlichen Zahlen durch die roten Pfeile markiert sind. Schreibe deine Lösung als Zahlenmenge.

a)

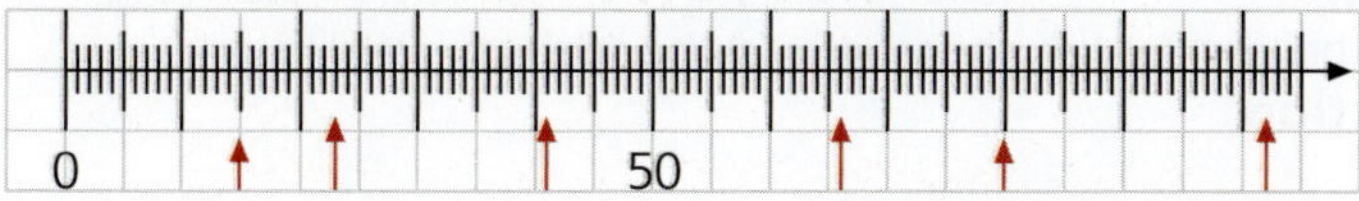

b)

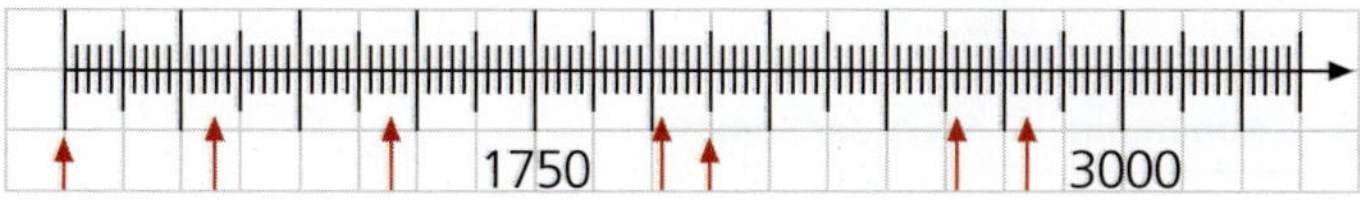

2. Welche Zahl bin ich? Welche Zahlen sind wir?

a) Ich bin die größte dreistellige natürliche Zahl mit lauter verschiedenen Ziffern.

b) Ich bin die kleinste zweistellige Zahl mit dem Quersummenwert 14.

c) Wir sind zweistellige Quadratzahlen; unser Nachfolger ist eine Primzahl.

3. Gib die größte und die kleinste fünfstellige natürliche Zahl an, die man aus den Ziffern 0, 1, 3, 5 und 8 bilden kann, wenn jede der fünf Ziffern genau einmal verwendet wird.

4. Ergänze die Tabelle durch Ankreuzen.

Die Zahl … ist	eine gerade Zahl	eine Primzahl	eine Quadratzahl	ein Vielfaches von 3	ein Teiler von 12	eine Dreieckszahl
6	x			x	x	x
10						
27						
49						
21						
3						
89						
1						

Zur Erinnerung:
$V_3 = \{3; 6; 9; \ldots\}$
T_{12} ist die Menge der Teiler von 12.

Dreieckszahlen

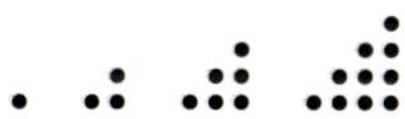

5. Der Landkreis Coburg hat auf Tausender gerundet 91 000 Einwohner, darunter 45 000 Männer.

a) Finde heraus, wie viele Einwohner der Landkreis Coburg mindestens (höchstens) hat.

b) Ermittle, wie viele Frauen der Landkreis Coburg mindestens (höchstens) hat.

6. Lauras Vater hat in einer Tabelle festgehalten, wie viele Kilometer er in den letzten Monaten mit dem Pkw zurückgelegt hat. Laura hat aus diesen Daten ein Diagramm erstellt.

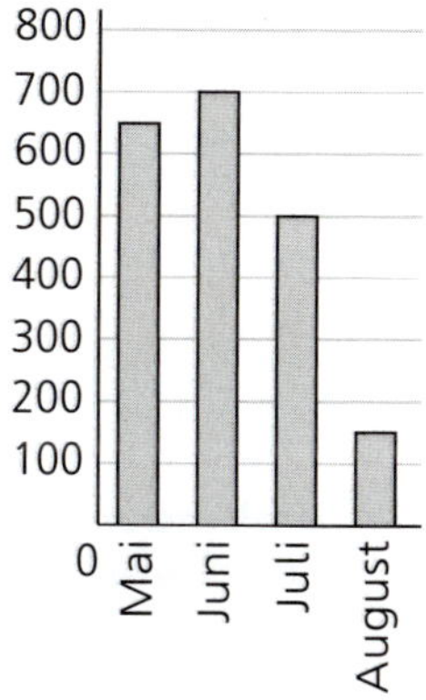

a) Gib an, was du aus Lauras Diagramm herauslesen kannst.

b) Wie viele Kilometer ist Lauras Vater im Juni mehr gefahren als im Mai? Wie viele Kilometer ist er im Juli weniger gefahren als im Mai?

c) Berechne, wie viele Kilometer Lauras Vater in diesen vier Monaten insgesamt gefahren ist.

d) Finde eine Erklärung für die „Abweichung“ im August.

7. Schreibe die angegebene Zahl jeweils in Worten.

a) 237 099 b) 1 234 567 c) 202 313 424 d) 9 187 276 365

Addition
Subtraktion

Die Rechenart, bei der Zahlen zusammengezählt (**addiert**) werden, heißt **Addition**.
Die Rechenart, bei der Zahlen abgezogen (**subtrahiert**) werden, heißt **Subtraktion**.

Beispiele:

Fachbegriffe

5768	+	3519	=	9287
1. Summand	**plus**	**2. Summand**		**Wert der Summe**
	Summe			

5768	–	3519	=	2249
Minuend	**minus**	**Subtrahend**		**Wert der Differenz**
	Differenz			

Schriftliches Addieren und Subtrahieren

Schwierigere Additionen oder Subtraktionen führt man schriftlich aus. Dabei muss man darauf achten, dass die entsprechenden Stellen genau untereinander stehen.

Mit einer **Überschlagsrechnung** kann man schnell das ungefähre Ergebnis erkennen.

Beispiele:

$$\begin{array}{r} 5\,768 \\ 3\,519 \\ +\ {}_{1\quad 1} \\ \hline 9\,287 \end{array}$$

Überschlag: 6000 + 3500 = 9500;

$$\begin{array}{r} {}^{5} \\ 57\not{6}8 \\ -\ 3\,519 \\ \hline 2\,249 \end{array} \qquad \begin{array}{r} 5\,768 \\ -\ 3\,519 \\ {}_{1}\; \\ \hline 2\,249 \end{array}$$

Überschlag: 6000 – 3500 = 2500

Kommutativ- und Assoziativgesetz, Rechenvorteile

Der Wert einer Summe ändert sich nicht, wenn man

- die Summanden vertauscht (**Kommutativgesetz**)
  Beispiel: 23 + 14 = 37 = 14 + 23
- die Summanden mit Klammern zusammenfasst oder vorhandene Klammern weglässt (**Assoziativgesetz**)
  Beispiel: (17 + 65) + 35 = 17 + (65 + 35) = 17 + 100 = 117

Durch die Verwendung der Rechengesetze ergeben sich oft Rechenvorteile.

Term, Termgliederung, Termart

Einen Rechenausdruck, der aus Zahlen und Rechenzeichen (und gegebenenfalls aus Klammern) besteht, nennt man **Term**. Terme kann man mithilfe eines **Rechenbaums** gliedern und auch **in Worten** beschreiben.

Die Rechenart, die zuletzt ausgeführt wird, bestimmt die **Art des Terms**.

Berechnung des Termwerts

Treten in einem Term mehrere Klammern ineinander geschachtelt auf, so wird die jeweils **innerste Klammer zuerst** ausgerechnet.

Beispiel: 98 – [(56 – 26) + 14]

In Worten: Der Term ist eine Differenz. Der Minuend ist 98; der Subtrahend ist die Summe, deren 1. Summand die Differenz mit dem Minuenden 56 und dem Subtrahenden 26 ist und deren 2. Summand 14 ist.

Rechenbaum:

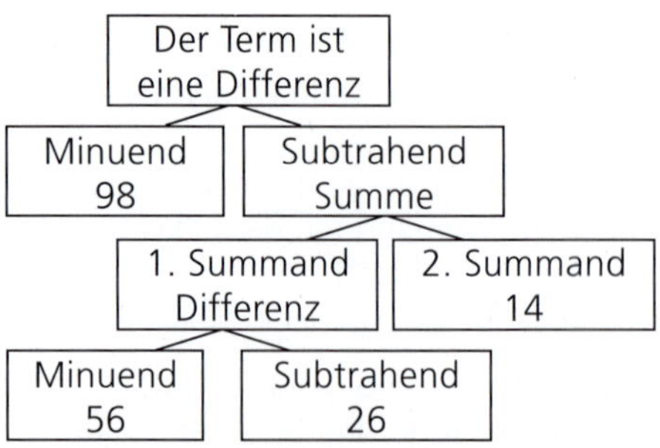

Berechnung: 98 – [(56 – 26) + 14] = 98 – [30 + 14] = 98 – 44 = 54

Verbinden von Addieren und Subtrahieren

Bei Termen mit mehreren Gliedern subtrahiert man den Wert der Summe der „Minusglieder" vom Wert der Summe der „Plusglieder".

Beispiel:
92 – 47 – 12 + 14 – 25 + 9 = (92 + 14 + 9) – (47 + 12 + 25) = 115 – 84 = 31

Aufgaben

1. Berechne jeweils den Summen- bzw. Differenzwert; runde dann den größeren der beiden Summenwerte auf Tausender, den kleinsten der drei Differenzwerte auf Hunderter.

a) 5 965	b) 12 887	c) 3 978	d) 7 482	e) 12 943
+ 8 215	+ 9 649	− 1 612	− 5 646	− 605

2. Berechne jeweils den Termwert.

a) 5 128 + 1 591
b) 15 317 + 2 693 − 8 099
c) 23 416 − (8 401 + 3 861)
d) (12 760 − 9 805) + (27 588 − 14 901)
e) 245 467 − (111 456 + 134 011)
f) (4 000 − 2 666) + (345 012 − 46 346)

3. Berechne jeweils den Wert des Terms und erstelle einen Rechenbaum.

a) 2 769 − [(1 286 + 419) − 892]
b) [5 162 − (1 015 + 649 + 2 394)] + (7 009 − 4 188)

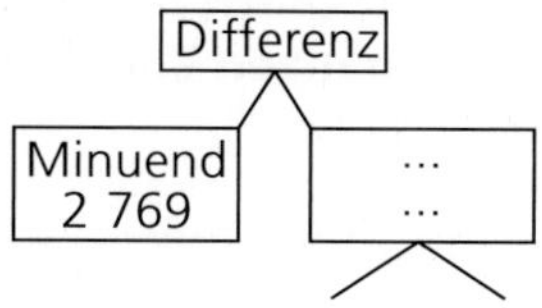

4. Bilde jeweils den Term und berechne seinen Wert.

a) Der Term ist eine Summe. Der erste Summand ist die Zahl 2 486, der zweite Summand ist die Differenz mit dem Minuenden 1 234 und dem Subtrahenden 529.
b) Der Term ist eine Differenz. Ihr Minuend ist die Summe der fünf kleinsten Quadratzahlen, ihr Subtrahend die Summe aller einstelligen Primzahlen.

5. Das Blumengeschäft Flora hat vier Filialen in der Stadt. In der Tabelle sind die jeweiligen Einnahmen im Monat September 2008 in € angegeben.

Mai	Markt	Bahnhof	Park	Zentrum
1. Woche	4 892	4 923	5 882	6 723
2. Woche	6 221	4 993	4 661	6 738
3. Woche	5 882	3 882	6 723	8 677
4. Woche	7 892	3 991	5 773	7 442

a) Berechne die Monatseinnahmen für jede Filiale und die Gesamteinnahmen des Blumengeschäfts.
b) Finde heraus, um wie viel die Einnahmen der Marktfiliale die der Bahnhoffiliale übersteigen.
c) Gib an, in welcher Woche die Einnahmen des Blumengeschäfts am größten waren.

6. Bilde aus den Ziffern 0, 1, 4, 8 und 9 eine dreistellige und eine zweistellige natürliche Zahl so, dass

a) der Wert der Summe der beiden Zahlen möglichst klein ist.
b) der Wert der Differenz der beiden Zahlen möglichst groß ist.

7. Gregor unternimmt in den Sommerferien mit seinen Eltern eine viertägige Radtour. Vor Beginn der Radtour zeigt der Kilometerzähler seines Fahrrads 957 km. Am ersten Tag fahren sie 62 km, am zweiten 13 km weniger als am ersten. Am dritten Tag legen sie eine doppelt so lange Strecke zurück wie am zweiten Tag. Am letzten Tag fahren sie 27 km. Gib den Stand von Gregors Kilometerzähler am Ende der Radtour an.

Ganze Zahlen, Zahlengerade, positive und negative ganze Zahlen

Die Menge $\mathbb{Z} = \{ \ldots; -3; -2; -1; 0; +1; +2; +3; \ldots\}$ ist die **Menge der ganzen Zahlen**. Negative Zahlen tragen immer ein Minuszeichen als Vorzeichen; die Zahl null hat kein Vorzeichen. Bei positiven Zahlen lässt man das Vorzeichen oft weg.

Die Bildpunkte der negativen Zahlen erweitern den Zahlenstrahl links vom Bildpunkt der Zahl 0 zu einer Zahlengeraden.

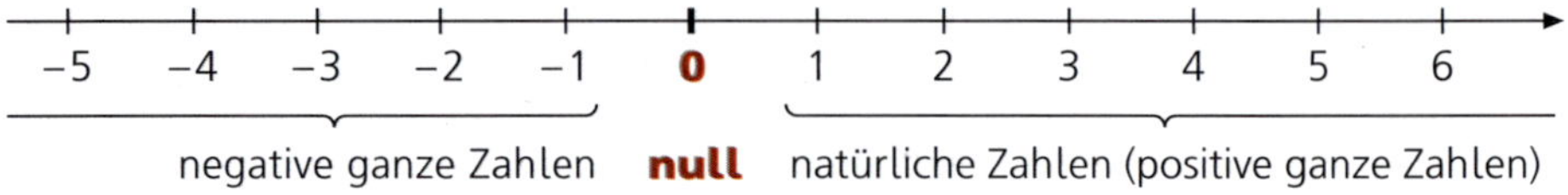

Anordnung der ganzen Zahlen

Von zwei ganzen Zahlen ist diejenige die größere (kleinere), deren Bildpunkt auf der Zahlengeraden weiter rechts (links) liegt.
Beispiel: $-5 < -3$ und $-1 < 4$ bzw. $-3 > -5$ und $4 > -1$

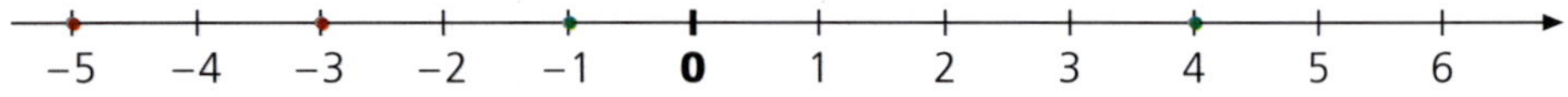

Betrag und Gegenzahl

Die Entfernung des Bildpunkts einer Zahl vom Nullpunkt der Zahlengeraden gibt den **Betrag** dieser Zahl an.
Beispiel: Die Zahlen -4 und $+4$ haben beide den Betrag 4:

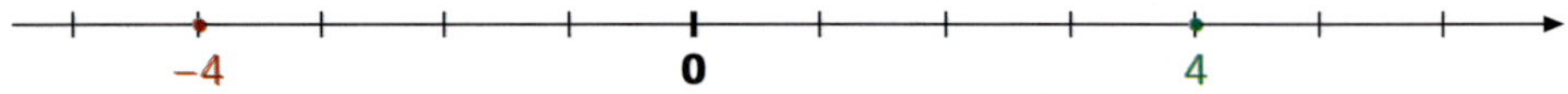

Zwei Zahlen, die den gleichen Betrag, aber verschiedene Vorzeichen besitzen, heißen **Gegenzahlen**; so ist z.B. -4 die Gegenzahl von $+4$ (und umgekehrt).

Addition in $\mathbb{Z}$

Summanden mit gleichem Vorzeichen:

$(+3) + (+5) = 3 + 5 = +8$
$(-3) + (-5) = -3 - 5 = -8$

gemeinsames Vorzeichen der Summanden, Summenwert der Beträge der Summanden

Summanden mit verschiedenen Vorzeichen:

$(+3) + (-5) = 3 - 5 = -2$
$(-3) + (+5) = -3 + 5 = +2$

Vorzeichen des Summanden mit dem größeren Betrag, Unterschied der Beträge der Summanden

Bei verschiedenen Vorzeichen, aber gleichem Betrag ist der Summenwert 0.

Subtraktion in $\mathbb{Z}$

Zwei ganze Zahlen werden subtrahiert, indem man zum Minuenden die Gegenzahl des Subtrahenden addiert.
Beispiel: $(+3) - (-5) = (+3) + (+5) = +8 = 8$; $(+3) - (+5) = (+3) + (-5) = -2$;

Kurzschreibweise

Beispiel: $(+8) + (-3) = 8 - 3 = 5$; $(-8) - (-3) = -8 + 3 = -5$;

Kommutativ- und Assoziativgesetz, Rechenvorteile

Das **Kommutativgesetz** der Addition gilt auch für ganze Zahlen:

$$\mathbf{a + b = b + a} \qquad a, b \in \mathbb{Z}$$

Beispiel: $(-3) + (+5) = -3 + 5 = 2$ $(+5) + (-3) = 5 - 3 = 2$

Das **Assoziativgesetz** der Addition gilt auch für ganze Zahlen:

$$\mathbf{(a + b) + c = a + (b + c)} \qquad a, b, c \in \mathbb{Z}$$

Beispiel: $(+6) + (-2) + (-8) = [(+6) + (-2)] + (-8) = (+6) + [(-2) + (-8)] = 6 - 10 = -4$

Durch die Verwendung der Rechengesetze ergeben sich oft Rechenvorteile.

Aufgaben

1. Ergänze die Zahlenmauer so, dass der Summenwert der Zahlen auf zwei nebeneinander liegenden Steinen stets gleich der Zahl auf dem direkt darüber liegenden Stein ist.

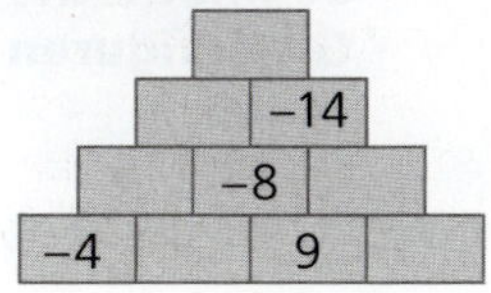

2. Berechne jeweils den Termwert

a) (–48) + (–14) + 12 b) 29 – 41 – 17 + 89 c) 48 – (81 – 43)

d) (–13) – (–118) – 35 e) 64 – [–22 – (–17 + 31)] f) (–29) – (54 – 73)

Kennzeichne die Bildpunkte aller Termwerte auf der Zahlengeraden.

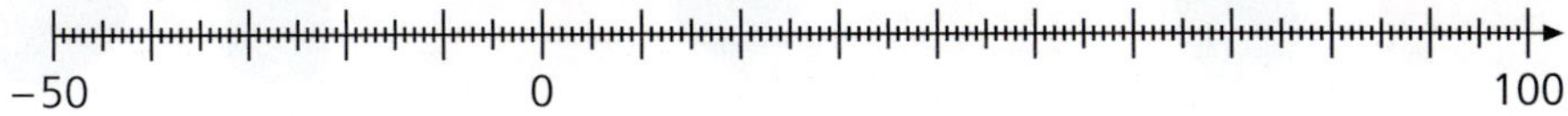

3. Ordne die Termwerte nach ihren Beträgen; beginne dabei mit dem kleinsten Betrag.

–39 – 58 74 – (–21) 23 + (–107) 45 + [–16 + (–29)]

4. –□□ – □□

Setze jeweils vier der fünf Ziffern 0, 3, 6, 8 und 9 so ein, dass der Termwert einen möglichst großen Betrag hat.

5. Im nebenstehenden Diagramm findest du Höhenangaben von Orten, die über dem Meeresspiegel und von solchen, die unter dem Meeresspiegel liegen.
Formuliere zu jeder der folgenden Fragen einen Term und berechne seinen Wert.

a) Wie viele Meter liegt der Gipfel der Zugspitze höher als der Ort Sodom?

b) Um wie viele Meter ist der Pazifik tiefer als der Atlantik?

c) Wie groß ist der Höhenunterschied zwischen dem höchstgelegenen und dem tiefstgelegenen Punkt der Erde?

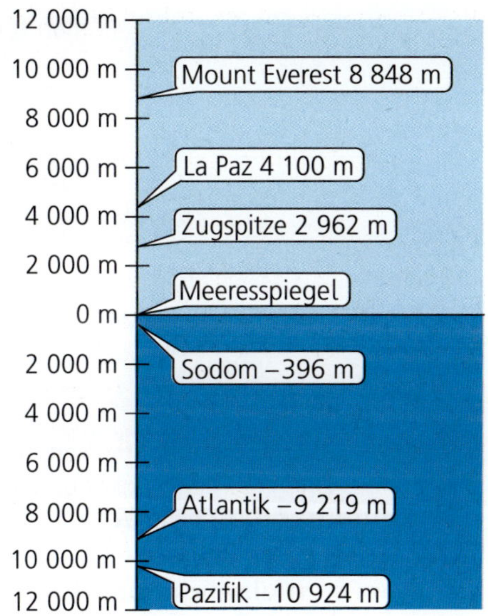

6. Nutze Rechenvorteile bei der Berechnung der Termwerte.

a) –41 + 19 + (–27) – 59 + 31 – (–27) b) 161 + 31 + (–61) + 69

c) 108 – 67 – (–8) + 42 + 17 d) 255 + (–119) + (–81) – (–345)

7. Die Tabelle zeigt für den Verlauf eines Jahres die monatlichen Durchschnittstemperaturen (gemessen in °C) der Antarktis-Station Vostok (V) und der Gruppe der südlichen Orkneyinseln vor der Küste der Antarktis (O). Zeichne jeweils ein Säulendiagramm für die Temperaturen und berechne die Werte der Temperaturdifferenzen aufeinanderfolgender Monate.

	Jan	Feb	Mrz	Apr	Mai	Juni	Juli	Aug	Sep	Okt	Nov	Dez
V	–31	–45	–55	–64	–66	–66	–67	–68	–66	–57	–44	–31
O	1	2	0	–2	–5	–8	–10	–9	–5	–3	–2	0

Temperaturdifferenzen für Vostok (in °C):
(–45) – (–31) = –14
(–55) – (–45) = –10 …

Geometrische Grundfiguren

Quadrat **Rechteck** **Dreieck** **Raute** **Parallelogramm** **Trapez** **Kreis**

Geometrische Grundkörper

Würfel **Quader** **Pyramide** **Prisma** **Kegel** **Zylinder** **Kugel**

Strecke, Gerade, Halbgerade

Strecke [AB] mit den Endpunkten A und B und der Streckenlänge $\overline{AB}$

Gerade AB

Halbgerade (Strahl) [AB mit Anfangspunkt A

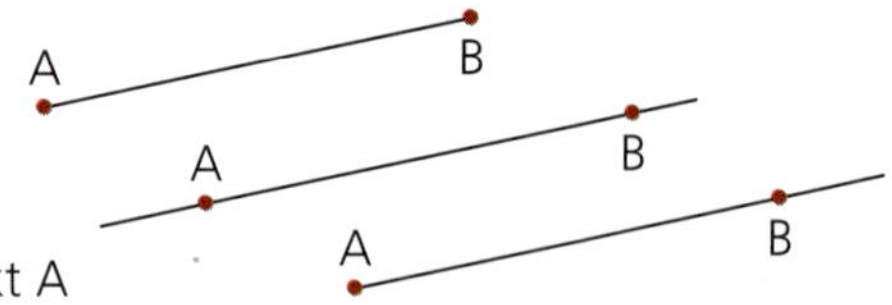

Winkel

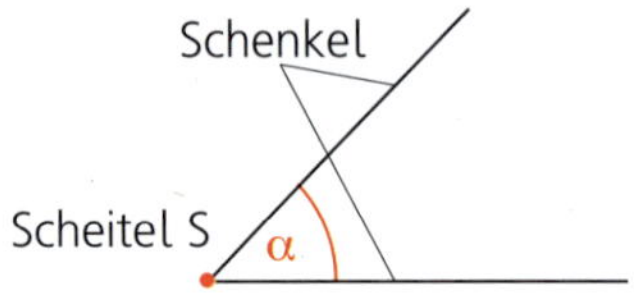

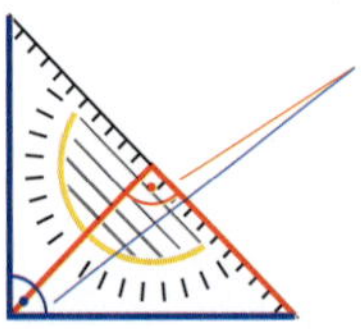

rechte Winkel am Geodreieck

Die Größe eines Winkels wird in Grad (°) gemessen. Jeder rechte Winkel hat 90°.

Nach der Größe unterscheidet man folgende **Winkelarten**:

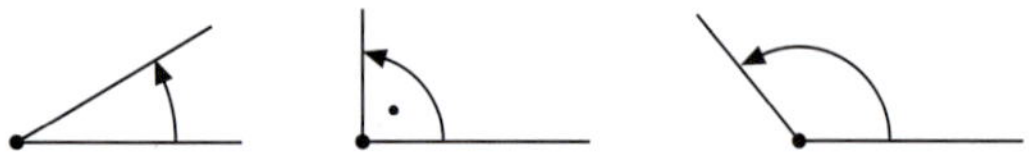

$0° < \alpha < 90°$	$\alpha = 90°$	$90° < \alpha < 180°$
spitzer Winkel	rechter Winkel	stumpfer Winkel

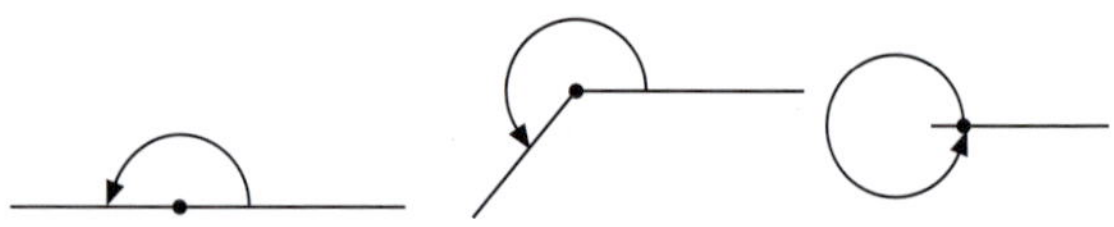

$\alpha = 180°$	$180° < \alpha < 360°$	$\alpha = 360°$
gestreckter Winkel	überstumpfer Winkel	Vollwinkel

Aufeinander senkrechte und zueinander parallele Geraden

Geraden, Halbgeraden oder Strecken, die miteinander einen rechten Winkel bilden, stehen **aufeinander senkrecht**.

Zwei Geraden g und h (der Zeichenebene) heißen **zueinander parallel**, wenn es eine dritte Gerade k gibt, die auf jeder der beiden senkrecht steht.

$k \perp g$
$k \perp h$

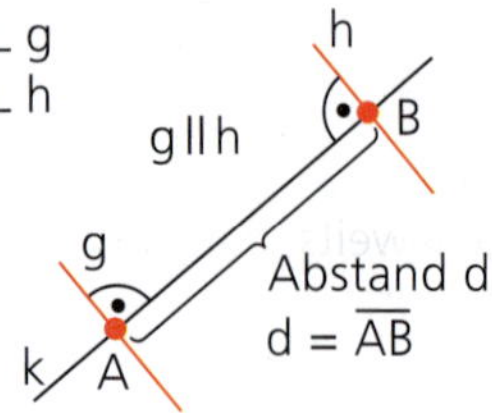

Koordinatensystem

Zur Angabe der Lage von Punkten in der Zeichenebene verwendet man das **Koordinatensystem**.

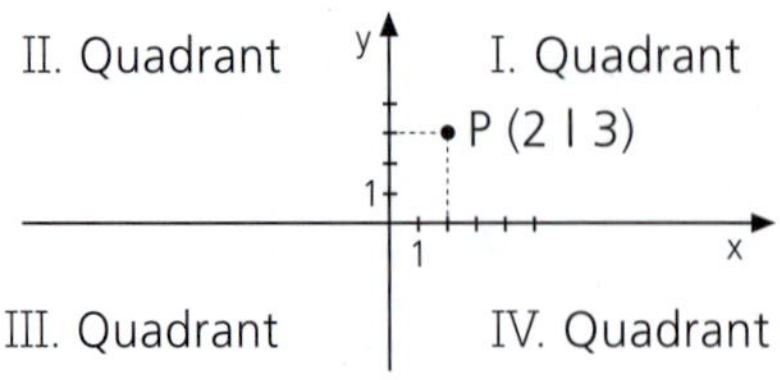

2 ist die x-Koordinate von P.
3 ist die y-Koordinate von P.

Achsensymmetrische Figuren

Eine Figur ist achsensymmetrisch, wenn man sie so falten kann, dass ihre beiden Teile genau aufeinander passen; die Faltkante heißt dann Symmetrieachse.

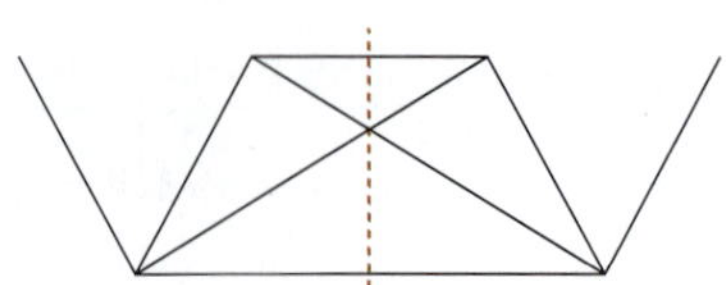

Aufgaben

Euler'scher Polyedersatz
$e + f - k = 2$

1. Gib bei jedem der dargestellten Körper den Namen, die Anzahl e seiner Ecken, die Anzahl f seiner Flächen und die Anzahl k seiner Kanten an.
Untersuche, ob jeweils $e + f - k = 2$ ist.

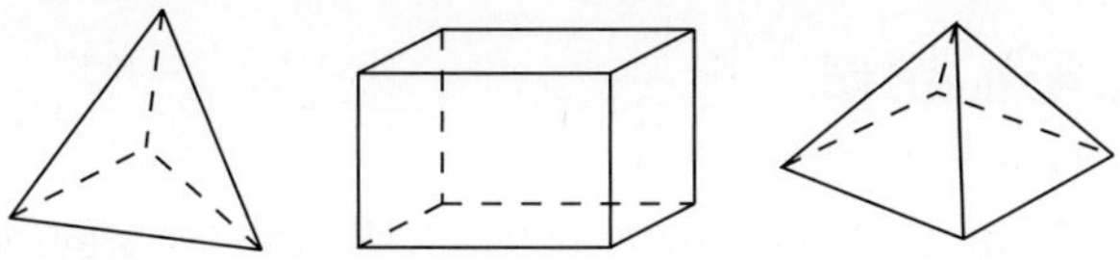

2. In den Abbildungen sind Netze von Körpern gezeichnet. Gib bei jedem Netz an, aus welchen Figuren es besteht und finde jeweils heraus, welcher Körper sich daraus bauen lässt.

a)

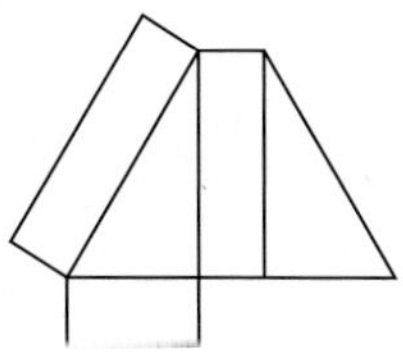

b)

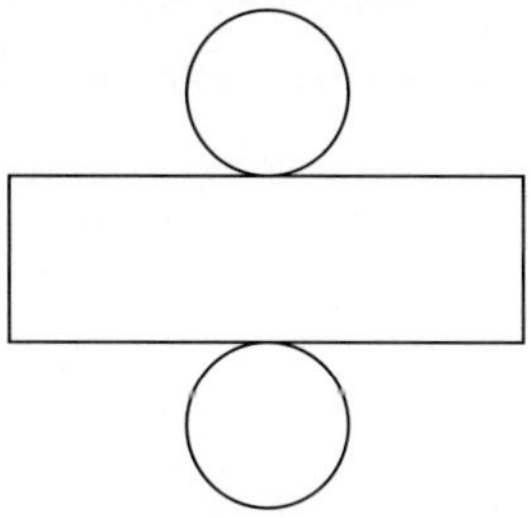

3. Welche Figur bin ich?

a) Zwei meiner Seiten sind zueinander parallel, die beiden anderen nicht.

b) Meine Diagonalen stehen aufeinander senkrecht und halbieren einander.

c) Ich bin die Grundfläche eines Würfels.

4. Bestimme mit dem Geodreieck die Größen der Winkel α, β bzw. γ.

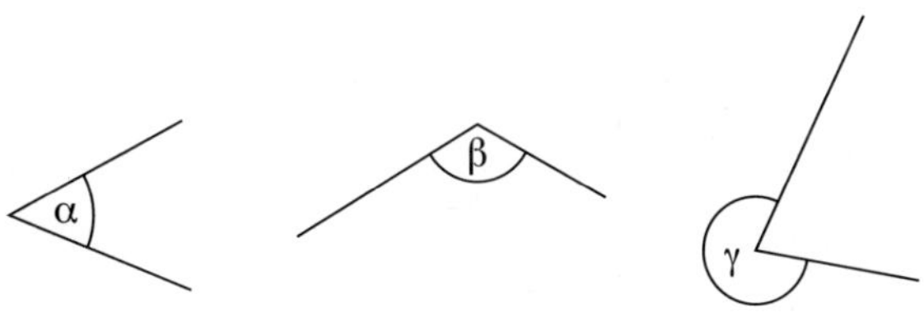

5. Trage jeweils die Punkte in ein Koordinatensystem ein und ergänze deine Zeichnung durch einen vierten Punkt so, dass die angegebene Figur entsteht.

a) A (7 | 5) B (1 | 5) C (0 | 0) Trapez ABCD

b) E (3 | 7) F (1 | 2) G (6 | 0) Quadrat EFGH

c) P (6 | 4) Q (2 | 0) R (5 | 2) Parallelogramm PQRS

Bei welcher Figur / welchen Figuren kannst du mehr als eine Lösung finden?

6. Trage die Punkte A (1 | 3), B (3 | 1), C (8 | 2), D (9 | 9) und E (2 | 8) in ein Koordinatensystem ein (Einheit 1 cm). O ist der Koordinatenursprung.

a) Zeichne AB, [CE und [DC] ein.

b) Die Geraden AB und OD schneiden einander im Punkt S_1; die Halbgerade CE schneidet die Gerade OD im Punkt S_2. Finde die Koordinaten von S_1 und S_2 heraus und miss die Länge der Strecke $[S_1S_2]$ auf mm genau.

c) Bestimme die Größen der Winkel, die die Geraden AD und CE miteinander einschließen.

7. Trage in ein Koordinatensystem (Einheit 1 cm) die Punkte P (1 | 2), U (6 | 1), N (4 | 4), K (3 | 7) und T (7 | 4) ein.

a) Zeichne die Gerade PU und die Gerade g, die durch K verläuft und auf PU senkrecht steht.

b) Zeichne die Parallele zu PU durch T.

c) Bestimme den Abstand d des Punkts N von PU.

d) Zeichne den Kreis mit Mittelpunkt N und Radiuslänge $r = \overline{NU}$. Gib die Koordinaten von drei Gitterpunkten an, die im Inneren dieses Kreises liegen.

8. Zeichne eine Gerade g und einen Punkt P, der von g den Abstand 4 cm hat. Schraffiere den Bereich, in dem alle Punkte mit folgender Eigenschaft liegen. Verwende verschiedene Farben.

a) Die Punkte sind von P weniger als 3 cm entfernt.

b) Der Abstand der Punkte von g ist kleiner als 3 cm.

c) Die Punkte besitzen die *beiden* in a) und b) genannten Eigenschaften.

9. Gib an, welche der folgenden Figuren achsensymmetrisch sind; zeichne jeweils die Symmetrieachse(n) ein.

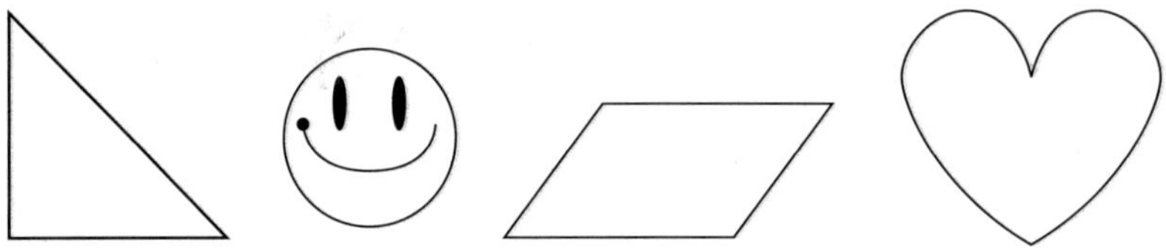

10. In der Abbildung sind vier verschiedene Figuren dargestellt.

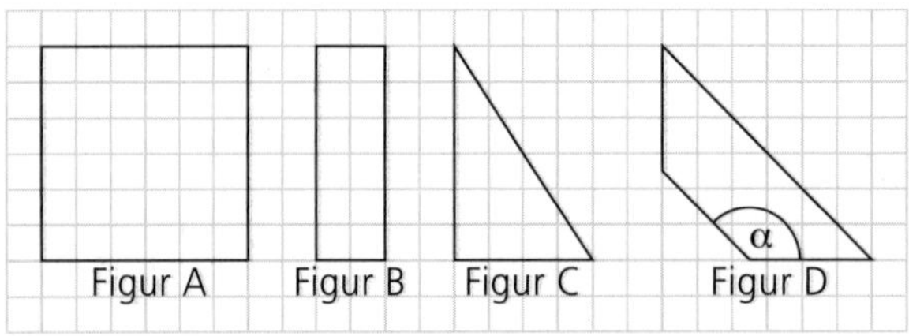

a) Gib bei jeder der vier Figuren den Namen an.

b) Welche der Figuren sind Parallelogramme?

c) Welche der Figuren sind achsensymmetrisch? Zeichne jeweils die Symmetrieachse(n) ein.

d) Bestimme mit dem Geodreieck die Größe des Winkels α in der Figur D.

e) Zerlege Figur B durch Einzeichnen möglichst weniger Strecken in sechs gleich große Teile.

11. Spiegelei

a) Trage die Punkte E (3 | 4) und G (4 | 3) in ein Koordinatensystem (Einheit 1 cm) ein und zeichne anschließend den Kreis k_1 mit Mittelpunkt E und Radiuslänge 3,5 cm sowie den Kreis k_2 mit Mittelpunkt G und Radiuslänge 1,5 cm. Male den Kreis k_2 gelb aus.

b) Zeichne die Gerade a durch die Punkte A (0 | 1) und B (1 | 0) und spiegle die beiden Kreise aus Teilaufgabe a) an dieser Geraden.

12. Suche den Schatz!
Gegeben sind die Punkte A (–4 | –2), D (2 | 2), Q (–6 | 4) und F (1 | 0).

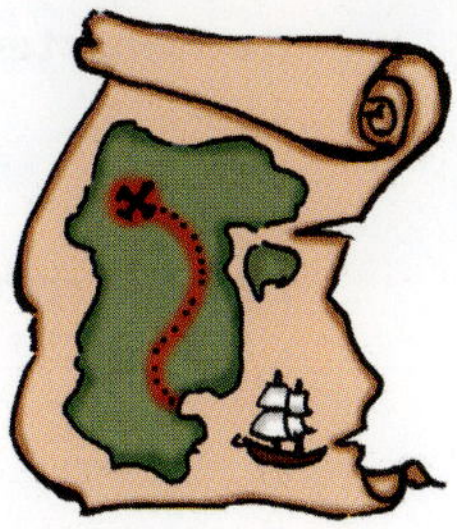

a) Trage diese Punkte in ein Koordinatensystem (1 LE = 0,5 cm) ein.
b) Zeichne AD sowie das Lot l zu AD durch den Punkt A.
c) Bestimme den Punkt S, von dem keine seiner Koordinaten positiv ist, und den Punkt T so, dass A, S, T und D die Eckpunkte eines Quadrats sind. Zeichne das Quadrat ein.
d) Zeichne die Parallele p zu ST durch Q.
e) Ermittle nun den Punkt W der Geraden p, der von F den kleinsten Abstand hat. Gib die Koordinaten von W an. Dort liegt der Schatz!

13. Symmetrieachsen
a) Zeichne eine Figur mit genau zwei Symmetrieachsen.
b) Zeichne eine Figur mit mehr als 100 Symmetrieachsen.
c) Zeichne eine Figur mit vier Symmetrieachsen.

14. Rechtecke, Rechtecke
Gib an, wie viele Rechtecke die Figur insgesamt enthält.

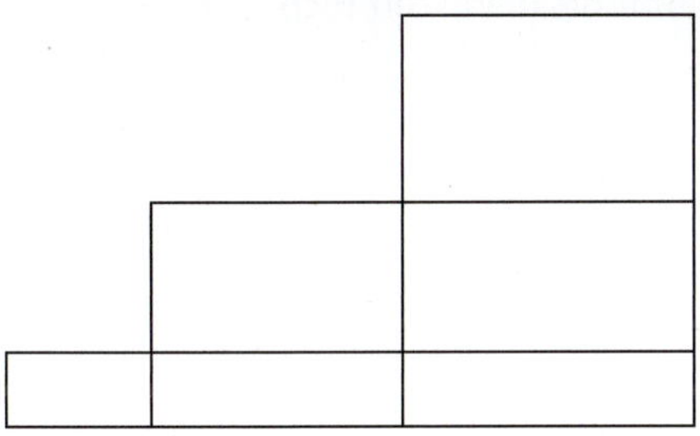

15. Lucas teilt eine Torte in

a) zwei gleich große Teile.
b) drei gleich große Teile.
c) vier gleich große Teile.
d) fünf gleich große Teile.
e) sechs gleich große Teile.
f) acht gleich große Teile.
Gib jeweils die Größe und die Art der entstehenden Winkel an.

16. Subtrahiere die Summe der Zahlen, die in den Trapezen stehen, von der Summe der Zahlen in den Parallelogrammen und runde den Differenzwert auf Tausender.

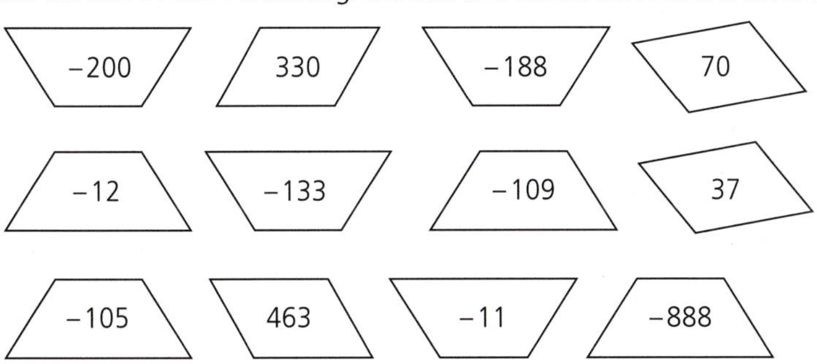

Rechenarten

Die Rechenart, bei der Zahlen multipliziert („malgenommen") werden, heißt **Multiplikation**; sie ist eine Abkürzung für die Addition von lauter gleichen Summanden. Die Umkehrung der Multiplikation ist die **Division**.

Fachbegriffe

Beispiele:

$$\underbrace{\underset{\textbf{1. Faktor}}{342} \;\underset{\textbf{mal}}{\cdot}\; \underset{\textbf{2. Faktor}}{208}}_{\textbf{Produkt}} = \underset{\textbf{Wert des Produktes}}{71\,136}$$

$$\underbrace{\underset{\textbf{Dividend}}{558} \;\underset{\textbf{durch}}{:}\; \underset{\textbf{Divisor}}{31}}_{\textbf{Quotient}} = \underset{\textbf{Wert des Quotienten}}{18}$$

Potenzieren bedeutet mehrfaches Multiplizieren einer Zahl mit sich selbst.

$$\underbrace{3^4}_{\text{Potenz}} = 3 \cdot 3 \cdot 3 \cdot 3 = 81$$

3^4: Basis hoch Exponent; 81: Wert der Potenz

$4 \cdot \mathbf{10}^3 = 4 \cdot 1\mathbf{000} = 4000$ – **Zehner**potenz

Schriftliches Multiplizieren in ℕ

Schwierigere Multiplikationen und Divisionen führt man schriftlich aus.

```
342 · 208          558 : 31 = 18
  684             −31
   000             248
   2736           −248
 71136               0
```

Überschlagsrechnung

$350 \cdot 200 = 70\,000$ $\quad$ $600 : 30 = 20$

Primfaktorzerlegung

Jede natürliche (nicht Prim-) Zahl lässt sich als Produkt von Primzahlen darstellen. Man spricht in diesem Fall von **Primfaktorzerlegung** dieser Zahl:

$30 = 2 \cdot 3 \cdot 5$ $\quad$ $24 = 2 \cdot 2 \cdot 2 \cdot 3$

n!

$n! = 1 \cdot 2 \cdot \ldots \cdot n,\ n \in \mathbb{N}$ (gelesen: „n Fakultät") $\quad 0! = 1;\ 1! = 1$

Beispiel: $5! = 1 \cdot 2 \cdot 3 \cdot 4 \cdot 5 = 120$

Kommutativ- und Assoziativgesetz

Der Wert eines Produkts ändert sich nicht, wenn man die Faktoren

- vertauscht (**Kommutativgesetz**).
  Beispiel: $5 \cdot 4 = 20 = 4 \cdot 5$
- mit Klammern zusammenfasst oder vorhandene Klammern weglässt (**Assoziativgesetz**).
  Beispiel: $2 \cdot (5 \cdot 4) = 2 \cdot 20 = 40$ $\quad (2 \cdot 5) \cdot 4 = 10 \cdot 4 = 40$ $\quad 2 \cdot 5 \cdot 4 = 40$

Rechenregeln für Terme

- Die Terme, die in Klammern stehen, werden zuerst berechnet.
  Beispiel: $199 - (215 - 188) = 199 - 27 = 172$
- Potenzrechnungen werden vor „Punktrechnungen" ausgeführt.
  Beispiel: $3 \cdot 2^4 = 3 \cdot 16 = 48$
- „Punktrechnungen" (Multiplikation und Division) werden vor „Strichrechnungen" (Addition und Subtraktion) ausgeführt.
  Beispiel: $120 - 20 \cdot (97 - 93) = 120 - 20 \cdot 4 = 120 - 80 = 40$

Distributivgesetz

Das Distributivgesetz bringt oft zusätzliche Rechenvorteile:
Beispiele:
- $4 \cdot 83 = 4 \cdot (80 + 3) = 4 \cdot 80 + 4 \cdot 3 = 320 + 12 = 332$ („Ausmultiplizieren")
- $8 \cdot 3 + 8 \cdot 17 = 8 \cdot (3 + 17) = 8 \cdot 20 = 160$ („Ausklammern")
- $99 \cdot 47 = (100 - 1) \cdot 47 = 100 \cdot 47 - 1 \cdot 47 = 4\,700 - 47 = 4\,653$

Termgliederungen

Beispiel: $200 : [75 \cdot 2 - (45 + 5)]$ Der Term ist ein Quotient.

Rechenbaum:

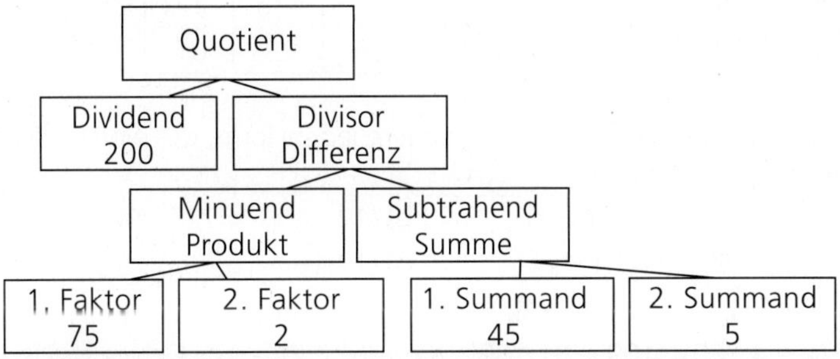

In Worten: Der Term ist ein Quotient. Der Dividend ist 200; der Divisor ist die Differenz, deren Minuend das Produkt mit dem ersten Faktor 75 und dem zweiten Faktor 2 ist, und deren Subtrahend die Summe mit dem ersten Summanden 45 und dem zweiten Summanden 5 ist.

Aufgaben

1. Berechne jeweils den Termwert.

a) $238 \cdot 17$ b) $409 \cdot 826$ c) $338 : 13$ d) $7\,917 : 39$
e) $15\,129 : 123$ f) $12\,312 : 456$ g) $3\,003 \cdot 329$ h) $11\,664 : 108$

2. Berechne jeweils den Termwert. Nutze dabei – wenn möglich – Rechenvorteile.

a) $125 \cdot 13 \cdot 8$ b) $7 \cdot 19 + 19 \cdot 13$ c) $37 \cdot 31 + 25 \cdot 31 - 52 \cdot 31$
d) $324 - 24 \cdot 8 + 76$ e) $(24\,000 - 168) : 8$ f) $1\,008 : 8 - 1\,000 : 8$
g) $(12 \cdot 45 - 4\,725 : 9)^2$ h) $(9\,876 - 5\,432) : 2\,222$ i) $961 : 31 - 651 : 31$

3. a) Stelle den Term auf, berechne seinen Wert und runde ihn auf Tausender. Subtrahiere vom Produkt der Zahlen 212 und 19 den Quotienten aus dem Quadrat der Zahl 18 als Dividenden und der Zahl 12 als Divisor.

b) Dividiere die neunfache Summe der Zahlen 147 und 128 durch die um 22 verminderte größte zweistellige Primzahl.

4. Schreibe jede der Zahlen mithilfe einer Zehnerpotenz.

a) Im April dieses Jahrs waren zwölf Millionen .de-Domains registriert.

b) Der Raubbau an der Natur könnte bis zum Jahr 2050 bis zu zwei Billionen Euro kosten.

c) Auf der Erde leben zur Zeit etwa sieben Milliarden Menschen.

d) Der Äquator ist etwa 40 000 km lang.

e) Der dreijährige Tobias hat bis jetzt etwa fünfundneunzig Millionen Sekunden gelebt.

5. An einem Gymnasium wurde zu Beginn des Schuljahres von allen Schülern und Schülerinnen ein bestimmter Geldbetrag für Papier- und Kopierkosten eingesammelt. Die Schülerinnen und Schüler der Jahrgangsstufen 5 bis 7 zahlten je 3 €, die der Jahrgangsstufen 8 bis 10 je 4,50 €, die der Jahrgangsstufen 11 und 12 je 6 €. In den Tabellen sind die Klassengrößen angegeben. Berechne, wie viel Geld die Schule auf diese Weise zur Verfügung hat.

5a	5b	6a	6b	6c	7a	7b	7c	8a	8b
29	28	27	30	29	24	25	27	28	31

9a	9b	9c	10a	10b	10c	11a	11b	12
27	24	24	26	24	27	25	23	61

6. Berechne jeweils den Termwert und gliedere jeden Term, der eine Summe ist, mithilfe eines Rechenbaums.

Hinweis:
$7! = 7 \cdot 6 \cdot 5 \cdot 4 \cdot 3 \cdot 2 \cdot 1$

a) $4\,608 : 36 + 54 \cdot (6^4 - 18 \cdot 7)$ **b)** $(12 \cdot 45 - 4\,725 : 9)^3$

c) $(9\,192 - 92 \cdot 85) : 343 + 444$ **d)** $(1\,816 - 16 \cdot 63) \cdot 5$

e) $265 \cdot 128 - [12\,258 : (141 - 87) + 7!]$

f) $[(36\,072 - 4\,789) : 109 + 91 \cdot 89] : [(2^6 - 6^2) : 2]$

7. **a)** Die Summe von drei aufeinander folgenden natürlichen Zahlen hat den Wert 120. Finde heraus, um welche Zahlen es sich handelt, und berechne den Wert ihres Produkts.

b) Das Produkt von drei aufeinander folgenden natürlichen Zahlen hat den Wert 120. Finde heraus, um welche Zahlen es sich handelt, und berechne ihren Summenwert.

c) Das Produkt von vier aufeinander folgenden natürlichen Zahlen hat den Wert 120. Finde heraus, um welche Zahlen es sich handelt, und berechne ihren Summenwert.

d) Finde durch Probieren heraus, ob es vier aufeinander folgende natürliche Zahlen gibt, deren Summe den Wert 120 hat.

8. **a)** Finde heraus, für welche natürlichen Zahlen die Platzhalter ♦ und ✱ stehen müssen, damit 3 · ♦ · ✱ · 17 = 2 805 ist.

b) Ermittle die Werte der Quotienten
$2\,805 : 33$, $2\,805 : 15$ und $(2\,805 \cdot 11) : 55$ möglichst günstig.

9. Die Klasse 5b (28 Schülerinnen und Schüler) fährt nach Eichstätt ins Schullandheim. Die Fahrt beginnt am Montag und endet am Freitag derselben Woche. Zur Planung der Fahrt erstellt der Klassenleiter eine Übersicht der möglichen Kosten. Er überlegt, ob die Klasse mit dem Bus oder mit dem Zug fahren soll.

Kosten:
- Busfahrt (insgesamt): 810 €
- Gruppenfahrkarte (einfache Bahnfahrt): 152 €
- Bayernticket (einfache Bahnfahrt für maximal fünf Schüler/innen): 27 €
- Unterkunft, Verpflegung pro Person und Nacht: 26 €
- Programmgestaltung pro Schüler/in: 15 €

a) Zeige, dass die Gruppenfahrkarte am günstigsten ist.

b) Der Klassenleiter sammelt von jedem Schüler und jeder Schülerin 135 € ein. Davon bezahlt er Gruppenfahrkarten, Unterkunft, Verpflegung und Programmgestaltung. Wie viel Geld hat er dann noch zur Verfügung?

10. Der unvollständige Term und der unvollständige Rechenbaum gehören zusammen. Ergänze den Term durch die passenden Zeichen, den Rechenbaum durch die passenden Zahlen und Begriffe und berechne anschließend den Wert des Terms.

64 271 + 169 6396 26

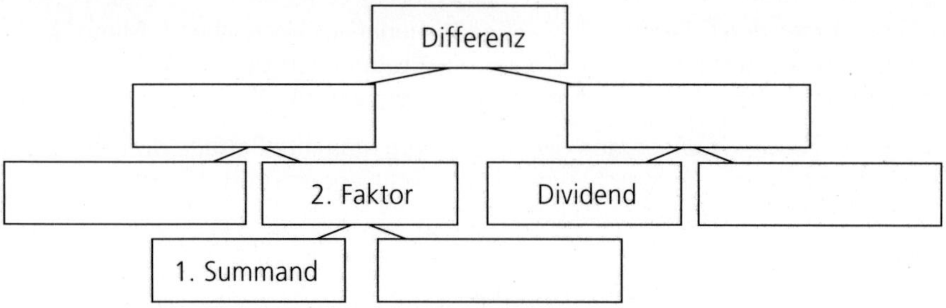

11. Gregor, Laura, Lucas und Sophie haben Nachmittagsunterricht und gehen zum Mittagessen in die Mensa ihrer Schule.

a) Die vier Kinder stellen sich hintereinander an der Schlange der Essensausgabe an. Wie viele verschiedene Möglichkeiten für die Reihenfolge des Anstellens gibt es für sie?

b) An diesem Tag gibt es drei verschiedene Vorspeisen, zwei Hauptgerichte und vier Nachspeisen, darunter Schokoladenpudding. Wie viele verschiedene Menüs könnte sich Gregor zusammenstellen?

c) Laura wählt als Nachtisch Schokoladenpudding. Wie viele verschiedene Menüs könnte sie zusammenstellen?

12. Gib jeweils die Art des Terms an und berechne anschließend die Termwerte.

	Term	Art des Terms	Termwert
a)	$27 + 81$	Summe	108
b)	$(31 + 9) \cdot 15$	Produkt	
c)	$88 \cdot 5 + 8$		
d)	$34 - 48 : 8$		
e)	$99 : 9 - 44 : 11$		
f)	$(33 + 44) : 11$		
g)	$45 : 9 + 69 : 23$		
h)	$8^2 - 14$		
i)	$(2^5 - 5^2) : 7$		
j)	$(87 + 13) : (99 - 89) + 90$		

Multiplikation in $\mathbb{Z}$
Merktabelle

·	+	–
+	+	–
–	–	+

Faktoren mit gleichem Vorzeichen:

$(+4) \cdot (+3) = +12$
$(-4) \cdot (-3) = +12$

positives Vorzeichen („Plus"), Produktwert der Beträge der Faktoren

Faktoren mit verschiedenen Vorzeichen:

$(+4) \cdot (-3) = -12$
$(-4) \cdot (+3) = -12$

negatives Vorzeichen („Minus"), Produktwert der Beträge der Faktoren

Division in $\mathbb{Z}$
Merktabelle

:	+	–
+	+	–
–	–	+

Zwei ganze Zahlen (≠ 0) werden dividiert, indem man ihre Beträge dividiert. Falls Dividend und Divisor das gleiche Vorzeichen besitzen, erhält das Ergebnis ein positives Vorzeichen, sonst ein negatives.

Beispiele:

$(+12) : (+3) = +4 = 4$ $\quad$ $(-12) : (+3) = -4$
$(-12) : (-3) = +4 = 4$ $\quad$ $(+12) : (-3) = -4$

Allgemein gilt
$0 \cdot a = a \cdot 0 = 0$ für alle $a \in \mathbb{Z}$
$0 : a = 0$ für alle von 0 verschiedenen ganzen Zahlen
$a : a = 1$ für alle von 0 verschiedenen ganzen Zahlen
Die Division durch 0 ist nicht erklärt; man kann also durch 0 nicht dividieren.

Rechenregeln

Auch beim Rechnen mit ganzen Zahlen hält man sich an die bekannten **Vereinbarungen**:

1. Rechnungen in Klammern werden zuerst ausgeführt:
   Beispiel: $[-160 - (34 - 54)] + 40 = [-160 - (-20)] + 40 = [-160 + 20] + 40 = -140 + 40 = -100$
2. „Punktrechnungen" (· und :) werden vor „Strichrechnungen" (+ und –) ausgeführt:
   Beispiel: $150 - 50 \cdot (-2) = 150 + 100 = 250$
3. Potenzrechnungen werden vor „Punktrechnungen" und vor Strichrechnungen ausgeführt.
   Beispiel: $4 \cdot (-3) \cdot = 4 \cdot 9 = 36$

Kommutativ- und Assoziativgesetz Rechenvorteile

Das Kommutativgesetz der Multiplikation gilt ebenso wie das Assoziativgesetz nicht nur für natürliche Zahlen, sondern für alle ganzen Zahlen.

Allgemein gilt **$a \cdot b = b \cdot a$ (Kommutativgesetz)** $\quad a, b \in \mathbb{Z}$
Beispiel: $(-2) \cdot (+7) = -14 = (+7) \cdot (-2)$

Allgemein gilt **$(a \cdot b) \cdot c = a \cdot (b \cdot c)$ (Assoziativgesetz)** $\quad a, b, c \in \mathbb{Z}$
Beispiel: Es ist $[(+3) \cdot (-2)] \cdot (-5) = (-6) \cdot (-5) = 30$
$(+3) \cdot [(-2) \cdot (-5)] = (+3) \cdot (+10) = +30 = 30$

Distributivgesetz

Das Distributivgesetz gilt nicht nur für die natürlichen Zahlen, sondern für alle ganzen Zahlen.

Beispiele: $(-5) \cdot (12 + 9) = (-5) \cdot 12 + (-5) \cdot 9 = -60 - 45 = -105$
$(-119 + 51) : 17 = (-119) : 17 + 51 : 17 = -7 + 3 = -4$

Rechenvorteile

Die Anwendung des Distributivgesetzes bringt oft zusätzliche Rechenvorteile:

Beispiele:

- $(-6) \cdot 83 = (-6) \cdot (80 + 3) = (-6) \cdot 80 + (-6) \cdot 3 = -180 - 18 = -198$ („Ausmultiplizieren")
- $9 \cdot 3 - 19 \cdot 3 = (9 - 19) \cdot 3 = (-10) \cdot 3 = -30$ („Ausklammern")

Aufgaben

1. Berechne jeweils den Termwert.

a) $(-7) \cdot 13 + 39 - (-22)$
b) $32 - 12 \cdot 7 + 13 \cdot (-6)$
c) $(-108 : 9 + 37) : (-5) - (-5)^2$
d) $(-5) \cdot (-13) \cdot (-4) - (-12)^2$
e) $(-74 - 8 \cdot 21) \cdot [18^2 : (-6) - 24]$
f) $-630 : 45 + 7 - (12 \cdot 15) : (-9)$
g) $[62 \cdot 4 \cdot (-3) + 2^8] : 8 - 3 \cdot 20$
h) $[(-2)^3 - (-4)^2 \cdot 7] \cdot [5^3 - (-12)]$
i) $[1\,682 : (-29) + 1\,922 : (-31)] : [180 : (-9) + 4^2 : (-4)]$
j) $(1! + 2! + 3! + 4! + 5! + 6!) : 97$

2. Bilde jeweils den Term und berechne seinen Wert.

a) Bilde die Summe aus dem Produkt der Zahlen -4 und 21 und dem Quotienten, der 738 als Dividend und -6 als Divisor hat.

b) Subtrahiere die Differenz der Zahlen -71 (Minuend) und -329 (Subtrahend) vom Quadrat der Summe der Zahlen 124 und -308.

c) Multipliziere die Hälfte des Produktes aus 36 und der Gegenzahl der kleinsten dreistelligen Primzahl mit dem um -31 verminderten Quotienten mit dem Dividenden 3 720 und dem Divisor 24.

3. a) Ergänze die Zahlenmauer so, dass dann auf jedem Stein der Produktwert der Zahlen auf den beiden Steinen direkt darunter steht.

b) Wie ändert sich die Zahl im obersten Stein, wenn alle Zahlen in der untersten Reihe mit -1 bzw. mit -2 multipliziert werden?

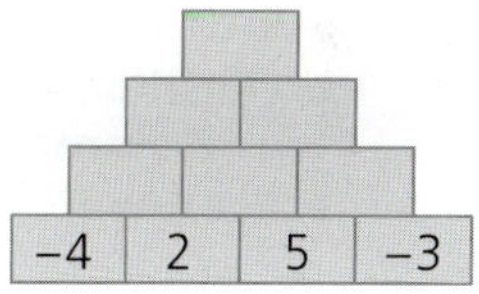

4. Daniel bezahlt im Studentenwohnheim 320 € Monatsmiete. Sein Vater hat Daniel ein Mietkonto mit einem Anfangsguthaben von 3 500 € eingerichtet, vergisst aber weiteres Geld auf das Konto einzuzahlen. Wie lange dauert es, bis die Bank das Konto sperrt, weil es um mehr als 2 000 € überzogen ist?

5. Bilde jeweils (mindestens zwei) Terme, die die angegebene Bedingung erfüllen.

a) Der Term ist ein Produkt aus drei Faktoren. Die beiden ersten Faktoren sind ganze Zahlen vom Betrag größer 3; der dritte Faktor ist eine Summe zweier negativer ganzer Zahlen. Der Termwert ist -864.

b) Der Term ist ein Quotient. Der Dividend ist eine Differenz, der Divisor ein Produkt. Der Termwert beträgt -5.

6. Setze Klammern so, dass einmal ein Term mit möglichst großem und einmal ein Term mit möglichst kleinem Wert entsteht.

a) $25 - 2 \cdot 13 + 1$
b) $-4 \cdot 8 - 6 + 3 \cdot 15$

7. Gib jeweils die Art des Terms an und berechne seinen Wert.

	Term	Art des Terms	Termwert
a)	$[24^2 + (-12)^2] : (-72)$		
b)	$24^2 + (-12)^2 : (-72)$		
c)	$24^2 - 12^2 : (-72)$		
d)	$24 \cdot [24 - 12^2 : (-72)]$		

Berechne den Wert der Summe aller Termwerte und runde ihn auf Tausender.

Größen

Beim Rechnen im Alltag spielen vor allem die Größen Geld, Länge, Masse (Gewicht) und Zeit eine große Rolle.
Jede Größe besteht aus einer **Maßzahl** und einer **Maßeinheit**.

Geld

1 € = 100 ct

1 ct = 0,01 €

Länge

1 km = 1 000 m
1 dm = 10 cm = 100 mm
1 m = 0,001 km
1 cm = 0,1 dm = 0,01 m

1 m = 10 dm = 100 cm = 1 000 mm
1 cm = 10 mm
1 dm = 0,1 m
1 mm = 0,1 cm = 0,01 dm = 0,001 m

Masse

1 t = 1 000 kg
1 kg = 0,001 t

1 kg = 1 000 g
1 g = 0,001 kg

1 g = 1 000 mg
1 mg = 0,001 g

Zeit

1 a = 12 Monate
1 d = 24 h

1 a ≈ 52 Wochen
1 h = 60 min

1 a = 365 d (Schaltjahr: 366 d)
1 min = 60 s

Addieren und Subtrahieren von Größen in Kommaschreibweise

- Alle Größen in der gleichen Maßeinheit angeben
- Stellenweise addieren bzw. subtrahieren
- Im Endergebnis das Komma an die entsprechende Stelle setzen

Beispiele:

2,560 kg	2,560 kg
+ 0,072 kg	− 0,072 kg
2,632 kg	2,488 kg

Multiplizieren von Größen mit natürlichen Zahlen

- Die Größe so in eine kleinere Einheit umwandeln, dass die Maßzahl eine natürliche Zahl ist
- Die beiden natürlichen Zahlen multiplizieren
- Den Produktwert unter Verwendung der Kommaschreibweise in eine größere Maßeinheit umwandeln

Beispiele: 9 · 2,35 kg = 9 · 2 350 g = 21 150 g = 21,15 kg.

Multiplizieren von Größen mit Zehnerstufenzahlen

- Das Komma bei der gegebenen Größe um so viele Stellen nach **rechts** verschieben, wie die Zehnerstufenzahl Nullen besitzt

Beispiele: 1 000 · 3,4985 km = 3 498,5 km.
(Das Komma ist um drei Stellen nach rechts gerückt.)

Dividieren von Größen durch natürliche Zahlen

- Den Dividenden so in eine kleinere Einheit umwandeln, dass die Maßzahl eine natürliche Zahl ist
- Die beiden natürlichen Zahlen dividieren
- Den Quotientenwert unter Verwendung der Kommaschreibweise in eine größere Maßeinheit umwandeln

Beispiele: 14,19 € : 11 = 1 419 ct : 11 = 129 ct = 1,29 €.

Dividieren von Größen durch Zehnerstufenzahlen

- Das Komma im Dividenden um so viele Stellen nach **links** verschieben, wie die Zehnerstufenzahl Nullen besitzt

Beispiele: 5 745,6 km : 1 000 = 5,7456 km.
(Das Komma ist um drei Stellen nach links gerückt.)

Maßstab

Häufig werden Strecken oder auch Figuren vergrößert oder verkleinert (z. B. auf einer Straßenkarte oder einem Atlas) verkleinert dargestellt.

Maßstab	1 : 10	1 : 50 000	2 : 1
Länge der Strecke in Wirklichkeit	20 cm	4 km	5 mm
Länge der Strecke in der Abbildung	(20 cm : 10 =) 2 cm	(4 km : 50 000 =) 8 cm	(5 mm · 2 =) 1 cm
Vergrößerung oder Verkleinerung?	Verkleinerung	Verkleinerung	Vergrößerung

Umfangslänge Rechteck (Quadrat)

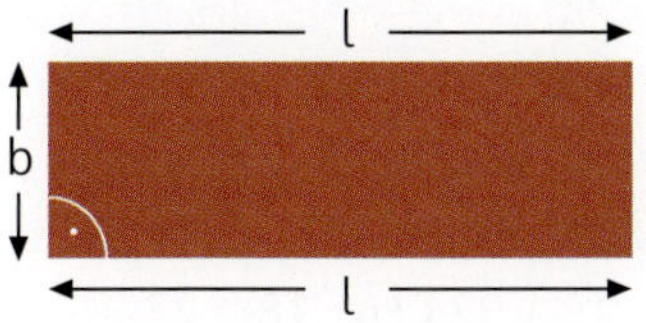

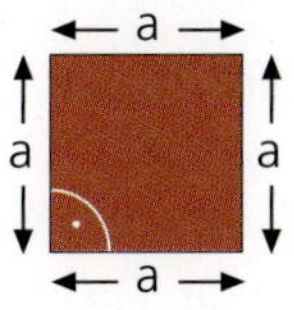

Rechteck (Länge l , Breite b)
Umfangslänge:
$\mathbf{U_{Rechteck} = 2 \cdot l + 2 \cdot b}$

Quadrat (Seitenlänge a)
Umfangslänge:
$\mathbf{U_{Quadrat} = 4 \cdot a}$

Aufgaben

1. Gib jede der Größen in der in Klammern angegebenen Maßeinheit an.
a) 3 m 7 cm [mm] b) 17 h 23 min [min] c) 2 378 kg [t]
d) 1 m 7 dm 3 mm [cm] e) 0,012 km [m] f) 24 min 120 s [min]
g) 1,05 kg [g] h) 39 m 95 cm 50 mm [m] i) 75 kg 500 g [kg]

2. Gib jeweils mehrfach benannt an.
a) 2,6 kg b) 278 mm c) 81,43 € d) 2 915 min e) 15,565 kg
f) 7,58 m g) 7 225 min h) 80,80 kg i) 3 450 mm j) 47,09 kg

3. Trage jede der angegeben Streckenlängen in die erste, zweite bzw. dritte Spalte ein, je nachdem, ob sie größer als 2 m, gleich 2 m oder kleiner als 2 m ist.
Svens Lineal ist 50 cm lang. Lisas Sonnenblume ist 234 mm hoch. Daniel ist 205 cm groß. Rita springt 3,42 m, ein junges Känguru springt 1,95 m weit. Das Reklameposter ist 1 999 mm hoch. Hanakos Futon ist 19 dm lang. Was ergibt 12 000 m : 6 000? Die Tür zu Ritas Zimmer ist 201 cm hoch.

größer als 2 m	2 m	kleiner als 2 m

4. Der Pkw von Sophies Eltern ist 4,28 m lang; ihr Wohnanhänger hat eine Länge von 5 m 85 cm. Wie lang ist das Gespann aus Pkw und Anhänger?

5. Pascal beschreibt sein Alter etwas sonderbar: „Ich bin 2 Jahre, 135 Monate und 43 Tage alt." Gib Pascals Alter

a) auf Jahre gerundet an. b) auf Monate gerundet an.

6. Bei einer Lotterie wurden 1 250 Lose für insgesamt 312,50 € verkauft. Berechne den Preis eines Loses.

7. Eine Karte hat den Maßstab 1 : 50 000.

a) Auf der Karte ist eine Strecke 2,5 cm lang. Wie lang ist sie in Wirklichkeit?

b) Die Entfernung zweier Orte beträgt 10 km. Wie groß ist ihre Entfernung auf dieser Karte?

8. Berechne jeweils den Termwert.

a) 230 dm – 4 m 2 dm + 3,04 m – 20 cm b) 8 h 15 min + 4 · 23 min – 274 min

c) (125 kg + 0,85 t) : 3 – 288,6 kg d) (24 · 12,80 € – 17 € 40 ct) · 3 + 55 ct

e) (42,54 m : 3 – 7 · 3,8 dm) : (18 cm) f) (171 kg : 19 + 324 kg : 18) : 27

9. Berechne die Termwerte und gib sie in den in Klammern stehenden Einheiten an.

a) 14,05 t – 725 kg – 3 t 325 kg [t] b) 3 h 14 min + 1 264 min [d und min]

c) 109 dm + 5 m 4 cm – 2 · 2,04 m [m] d) (45 m : 90 + 2 cm 5 mm · 5) : 25 [cm]

e) 1 h 12 min + 2 · (2 h 30 min) – (3 h 30 min) : 3 [h und min]

f) (2,625 kg + 3 · 163 g) – (453 g + 1,008 kg) [kg]

10. In jeder Zeile kommen zwei gleiche Größen vor. Welche hat keinen Partner?

a) 120 g	0,012 t	12 kg	1 200 g	0,12 kg
b) 122,3 cm	122,3 m	1,223 km	1223 m	1 223 mm

11. Ein Lkw hat eine Masse von 3 520 kg. Er wird mit 8 Kisten zu je 315 kg und 12 Kisten zu je 190 kg beladen. Finde heraus, ob er eine Brücke mit dem abgebildeten Verkehrszeichen überqueren darf.

12. Bei Flügen darf jeder Passagier einen Koffer der Masse 20 kg und 3,5 kg Handgepäck mitnehmen. Die Fluggesellschaften gehen davon aus, dass eine Person im Durchschnitt eine Masse von 80 kg hat. Ein Airbus A 380 hat 555 Sitzplätze, die alle besetzt sind. Wie groß muss das zulässige „Ladegewicht" (Passagiere und Gepäck) dieses Flugzeugtyps mindestens sein?

13. Auf einem Stadtplan (Maßstab 1 : 20 000) der Stadt London misst Daniel als „Straßenentfernung" von der Tower Bridge bis zur Westminster Abbey 26 cm. Wenn an der Tower Bridge ein Wegweiser zur Westminster Abbey stünde, welche Entfernungsangabe müsste er tragen?

14. Ein rechteckiger Rasenplatz ist 120 m lang und hat eine Umfangslänge von 0,408 km.

a) Berechne die Breite des Platzes.

b) Der Platzwart besitzt einen Rasenmäher, mit dem er jeweils 2,40 m breite Streifen mähen kann. Er mäht den Platz in Bahnen parallel zur längeren Seite des Platzes. Für jede solche Bahn braucht er 3 min 10 s, zum Wenden jeweils 30 s. Wie lange braucht er zum Mähen des gesamten Platzes?

15. Ein Straußenei hat eine Masse von 1,5 kg. Ein Hühnerei hat eine Masse von 60 g. Das Ei eines Kolibris hat eine Masse von einem halben Gramm, das eines Kuckucks eine Masse von 2,8 g. Das Ei einer Grasmücke hat eine Masse von 2,0 g, das eines Pinguins eine Masse von 500 g.
Ordne die sechs Massen in Form einer steigenden Ungleichungskette.

16. Berechne die Umfangslänge jeder der drei Figuren.

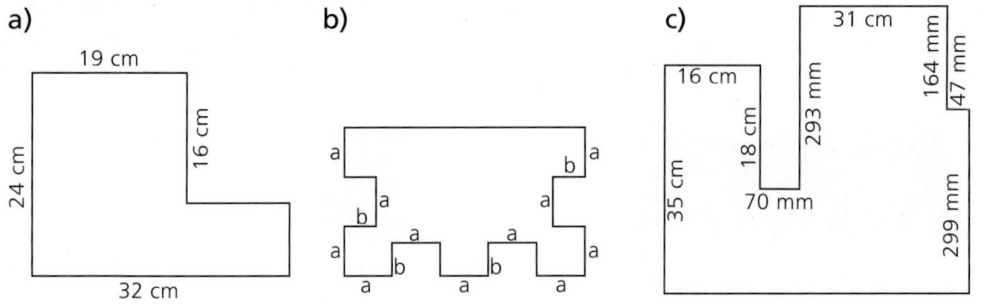

Bei Teilaufgabe b) hat jede mit a beschriftete Strecke eine Länge von 1,2 cm, jede mit b beschriftete Strecke die Länge 0,7 cm.

17. Eine Pferdekoppel ist 250 m lang und 192 m breit. Berechne, wie viel Meter Draht man benötigt, wenn sie dreifach umspannt werden soll.

18. Eine Baustelle hat den in der Abbildung (Maßstab 1 : 200) dargestellten Grundriss. In einer Ecke der Baustelle befindet sich eine Baugrube, an einer Seite die Zufahrt.

a) Die Baustelle und die Baugrube sollen vollständig eingezäunt werden; lediglich die Zufahrt soll frei bleiben. Wie viel Meter Zaun sind notwendig?

b) Was kostet das Einzäunen, wenn 10 m Zaun 105 € kosten?

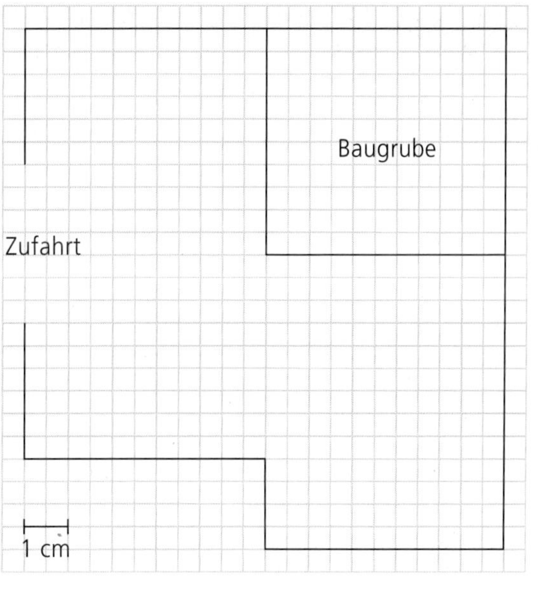

19. Sophies Vater bringt sein Auto zum Kundendienst in die Werkstatt.

a) Der Arbeitslohn des Kfz-Meisters beträgt pro Stunde 46 €, der des Auszubildenden 32 €. Der Meister arbeitet 1 h 15 min am Auto von Sophies Vater, der Auszubildende 2,5 h. Welchen Arbeitslohn kann die Werkstatt in Rechnung stellen?

b) Auf der Rechnung sind auch Ersatzteile ausgewiesen.

Bezeichnung	Menge	Einzelpreis in €
Wischerblatt	2	6,16
Ölfilter	1	7,86
Gewichte	7	0,80
Leichtlauföl 10W40	3,5	5,92

Was kosten die Ersatzteile insgesamt?

c) Berechne den Gesamtrechnungsbetrag aus a) und b).

Umrechnung von Flächeneinheiten

1 km² =	100 ha						
0,01 km² =	**1 ha** =	100 a					
	0,01 ha =	**1 a** =	100 m²				
		0,01 a =	**1 m²** =	100 dm²			
			0,01 m² =	**1 dm²** =	100 cm²		
				0,01 dm² =	**1 cm²** =	100 mm²	
					0,01 cm² =	**1 mm²**	

Flächeninhalt Rechteck (Quadrat)

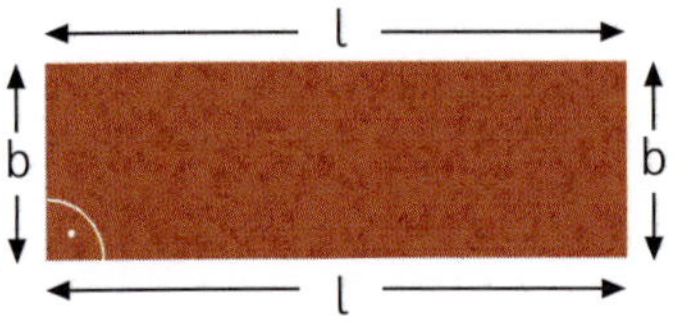

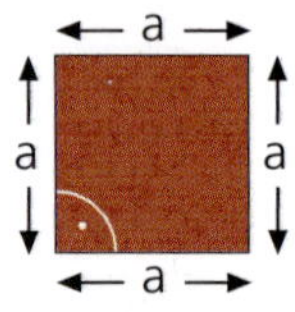

Rechteck (Länge l , Breite b)
Flächeninhalt:
$\mathbf{A_{Rechteck} = l \cdot b}$
(„Länge mal Breite")

Quadrat (Seitenlänge a)
Flächeninhalt:
$\mathbf{A_{Quadrat} = a \cdot a = a^2}$

Oberflächeninhalt eines Quaders
Oberflächeninhalt eines Quaders mit den Kantenlängen l, b und h:
$\mathbf{A = 2 \cdot l \cdot b + 2 \cdot b \cdot h + 2 \cdot h \cdot l = 2(l \cdot b + b \cdot h + h \cdot l)}$

Oberflächeninhalt eines Würfels
Oberflächeninhalt eines Würfels mit der Kantenlänge a:
$\mathbf{A = 6 \cdot a^2}$

Aufgaben

1. Gib die Flächeninhalte jeweils in der in Klammern angegebenen Einheit an.

a) 12 m² [dm²] b) 1,4 a [m²] c) 12 dm² 9 cm² [m²]
d) 3 ha 47 a [m²] e) 2,0441 dm² [mm²] f) 0,00715 km² [a]
g) 10 a 6 m² [m²] h) 1 350 cm² [dm²] i) 2 km² 900 ha 4 500 a [ha]

2. Berechne jeweils den Termwert.

a) 1,2 m² + 13 · 42 dm² b) 4 ha : 8 000
c) (0,075 m² – 450 · 80 mm²) : 13 d) 5,5 km² : (11 ha)
e) (11 a 22 m²) : 11 f) (3 m² 45 dm² + 6 m² 55 dm²) : 20

3. Ergänze die Tabelle.

	a)	b)	c)	d)	e)
Länge eines Rechtecks	12 cm	9 dm 2 cm		176 m	
Breite dieses Rechtecks	8 cm	0,85 m	24 m		
Flächeninhalt dieses Rechtecks				44 a	12 m²
Umfangslänge dieses Rechtecks			0,198 km		14 m

4. Ein 8 dm langes Rechteck hat einen Flächeninhalt von 48 dm^2. Zeige, dass ein Quadrat mit der gleichen Umfangslänge wie das Rechteck einen größeren Flächeninhalt als das Rechteck besitzt.

5. Ein rechteckiges Grundstück ist 30 m lang und 16 m breit. Es kostet 81 600 €. Berechne, wie viel ein Quadratmeter dieses Grundstücks kostet.

6. Hanakos Familie besitzt einen quadratischen Garten (Seitenlänge 24 m), Yokos Familie einen gleich großen rechteckigen Garten, dessen eine Seite 32 m lang ist. Welcher dieser beiden Gärten hat die größere Umfangslänge?

7. Olegs (quadratisches) Schachbrett hat 64 (quadratische) Felder, von denen jedes 3 cm lang ist. Um die Felder herum hat es einen 4 cm breiten Rand. Welchen Flächeninhalt hat das ganze Schachbrett?

8. Ein Container hat die in der Zeichnung angegebenen Standardmaße.

a) Er soll außen mit Rostschutzfarbe gestrichen werden (der Boden des Containers wird dabei nicht gestrichen). Wie viel Liter Farbe braucht man dafür, wenn 1 Liter Farbe für 12 m^2 reicht? Runde passend.

b) Eine Spedition besitzt 65 dieser Container. Wie teuer kommt das Streichen, wenn ein 10-l-Eimer Rostschutzfarbe 24,50 € kostet? Runde passend.

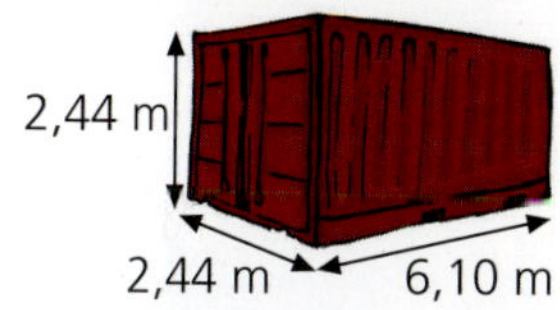

9. Berechne den Oberflächeninhalt jedes der abgebildeten aus Quadern bestehenden Körper (Maße in cm).

a)

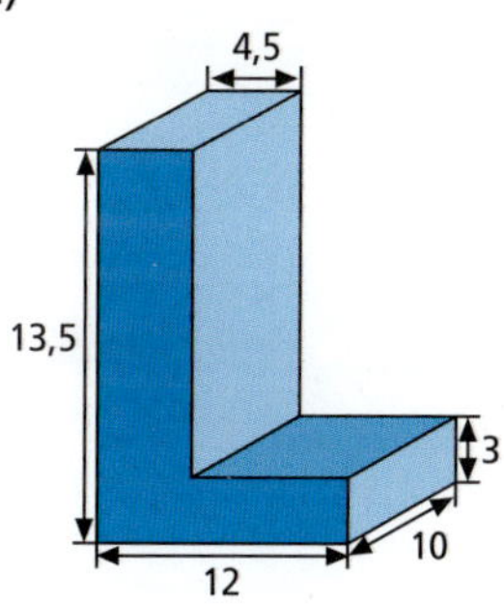

b)

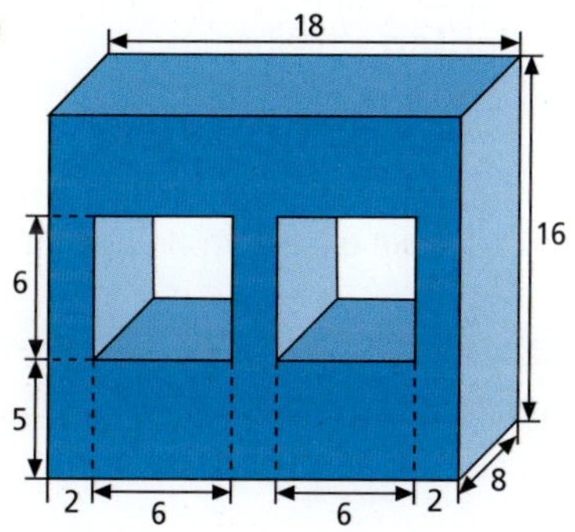

10. Herr Röder hat einen Restposten von 16 quadratischen Steinplatten (Seitenlänge 1 m) gekauft. Er möchte sie als Randsteine für einen rechteckigen Sandkasten verwenden. Beim Planen merkt er, dass er damit verschiedene Rechtecke bilden kann. Wie sollte er die Abmessungen wählen, damit der Flächeninhalt des Sandkastens möglichst groß ist?

11. Aus einem Quader (l = 15 cm, b = 10 cm, h = 15 cm) ist ein kleinerer Quader herausgeschnitten (vgl. Abbildung). Lucas behauptet, dass man den Oberflächeninhalt des Restkörpers angeben kann, ohne zu wissen, welche Maße der kleine Quader hat. Hat er Recht?

12. Das Quadrat soll längs Gitterlinien in zwei gleich große Teilstücke von gleicher Form zerlegt werden. Finde mehrere Möglichkeiten.

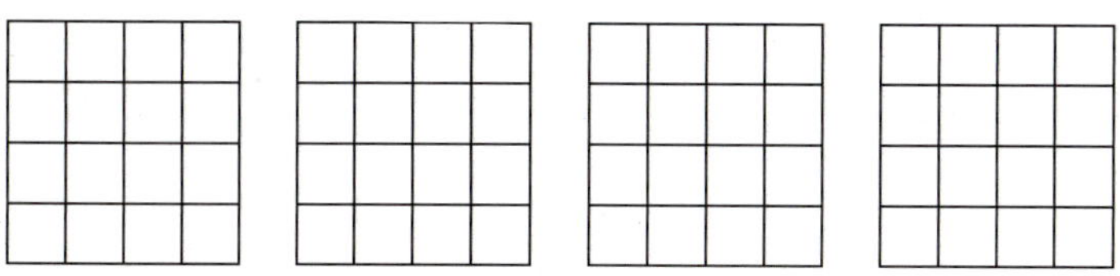

Brüche

Zerlegt man ein Ganzes in lauter gleich große Teile und nimmt man dann einen dieser Teile oder fasst man mehrere dieser Teile zusammen, so erhält man einen **Bruch**.

Beispiel:

$\frac{3}{4}$ – 3: Zähler; Bruchstrich; 4: Nenner

Der **Nenner** eines Bruchs gibt an, in wie viele gleich große Teile das Ganze zerlegt wird.
Der **Zähler** gibt an, wie viele dieser Teile zusammengefasst werden.

Der Zähler eines Bruches kann 0 sein (z. B. $\frac{0}{5} = 0$); für den Nenner ist dies nicht möglich.

Quotient als Bruch

Jeder Quotient aus zwei natürlichen Zahlen lässt sich als Bruch schreiben.
Beispiel: $3 : 4 = \frac{3}{4}$; $4 : 3 = \frac{4}{3}$; $4 : 1 = \frac{4}{1} = 4$

Brüche mit besonderen Eigenschaften

Stammbrüche: Ihr Zähler ist 1: *Beispiele:* $\frac{1}{2}$; $\frac{1}{3}$; $\frac{1}{4}$; …

Echte Brüche: Ihr Zähler ist kleiner als ihr Nenner.
Beispiele: $\frac{1}{2}$; $\frac{3}{4}$; $\frac{5}{11}$

Unechte Brüche: Ihr Zähler ist mindestens so groß wie ihr Nenner.
Beispiele: $\frac{3}{2}$; $\frac{9}{4}$; $\frac{55}{11}$

Scheinbrüche: Ihr Zähler ist 0 oder ein Vielfaches ihres Nenners.
Beispiele: $\frac{6}{2} = 3$; $\frac{36}{9} = 4$; $\frac{55}{11} = 5$; $\frac{0}{25} = 0$

Unechte Brüche, die keine Scheinbrüche sind, kann man als **gemischte Zahlen** schreiben.
Beispiele: $\frac{3}{2} = 1\frac{1}{2}$; $\frac{9}{4} = 2\frac{1}{4}$; $\frac{65}{11} = 5\frac{10}{11}$

Teile von Größen

Mithilfe von Brüchen kann man Teile einer Größe, einen Anteil an einer Größe oder umgekehrt wieder die ganze Größe berechnen.
Beispiele:

$\frac{3}{10}$ von 50 € = ? :	(50 € : 10) · 3 = 15 €
? von 55 kg = 24 kg:	24 kg : 55 kg = $\frac{24}{55}$
$\frac{3}{4}$ von ? = 45 km:	(45 km : 3) · 4 = 60 km

Erweitern und Kürzen

Erweitern eines Bruchs: Zähler und Nenner des Bruchs mit der gleichen natürlichen Zahl multiplizieren.
Beispiel: $\frac{1}{5} = \frac{3}{15}$ (Es wurde mit 3 erweitert.)

Kürzen eines Bruchs: Zähler und Nenner des Bruchs durch die gleiche natürliche Zahl dividieren.
Beispiel: $\frac{12}{18} = \frac{2}{3}$ (Es wurde mit 6 gekürzt.)

Beim Erweitern wie beim Kürzen ändert der Bruch seinen Wert nicht.
Die Form eines Bruchs, bei der sein Zähler und sein Nenner teilerfremd sind, heißt **Grundform** dieses Bruchs; ein Bruch in Grundform ist „vollständig gekürzt".

Anteile in Prozent

Anteile werden häufig in **Prozent** (geschrieben: %) angegeben.

1 % bedeutet $\frac{1}{100}$. 30 % bedeutet $\frac{30}{100}$. 100 % bedeutet $\frac{100}{100} = 1$.

Häufige Prozentangaben sind

$10\% = \frac{1}{10}$ $25\% = \frac{1}{4}$ $50\% = \frac{1}{2}$ $75\% = \frac{3}{4}$.

Bruchzahlen

Zu jeder **Bruchzahl** gehören (unendlich viele) **Brüche**, die sich zwar in der Form, aber nicht im Wert unterscheiden.
Beispiel: $\frac{1}{2} = \frac{2}{4} = \frac{5}{10} = \frac{60}{120} = \ldots$

Aufgaben

1. Jede Abbildung stellt ein Ganzes dar, das in lauter gleich große Teile zerlegt wurde. Gib jeweils an, welcher Bruchteil des Ganzen farbig markiert ist.

a) 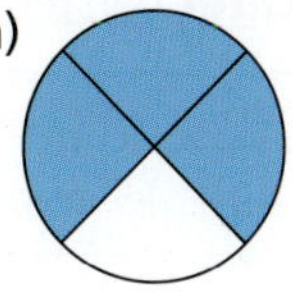
b) 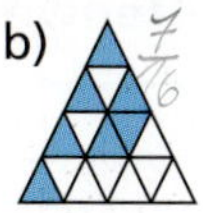
c) 
d) 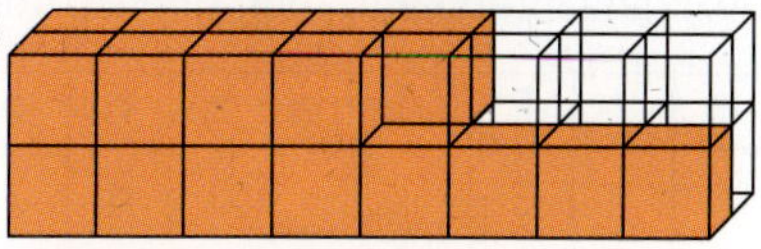

Ordne die (auf ganze Prozent gerundeten) Prozentsätze 44%; 56%; 75% und 66% den Bruchteilen zu.

2. Verwandle die unechten Brüche in gemischte Zahlen und gib jeweils an, wie viel zur nächstgrößeren natürlichen Zahl fehlt.
$\frac{17}{5}$ $\frac{21}{8}$ $\frac{7}{3}$ $\frac{47}{6}$ $\frac{63}{10}$ $\frac{117}{9}$ $\frac{55}{2}$ $\frac{74}{11}$ $\frac{171}{13}$ $\frac{237}{50}$ $\frac{196}{14}$

3. Wandle die gemischten Zahlen in unechte Brüche um.
$2\frac{1}{3}$ $3\frac{2}{5}$ $1\frac{4}{7}$ $4\frac{3}{4}$ $2\frac{8}{9}$ $7\frac{2}{3}$ $1\frac{6}{13}$ $5\frac{1}{6}$ $8\frac{5}{12}$ $10\frac{10}{11}$

4. Berechne
a) $\frac{3}{4}$ von 12 kg . b) $\frac{7}{9}$ von 72 m. c) $\frac{2}{3}$ von 48 €. d) $\frac{5}{8}$ von 104 m^2.
e) 11% von 300 €. f) 19% von 20 €. g) 125% von 1 h. h) 200% von 1 €.

5. Frau Sauer, Frau Süß und Herr Bitter haben gemeinsam Lotto gespielt. Der Einsatz betrug 48 €. Davon bezahlte Frau Sauer 21 €, Frau Süß 12 € und Herr Bitter den Rest. Die drei gewinnen 64 896 €. Gib an, wie der Gewinn aufzuteilen ist, und begründe deine Antwort.

6. Gib jeweils den Wert des Platzhalters an.
a) $\frac{4}{5}$ von ▮ sind 28 l. b) ▮ % von 60 kg sind 36 kg.
c) 625 cm^2 sind ▮ % von 750 cm^2. d) $\frac{8}{15}$ von ▮ sind 48 m.
e) 13 € sind ▮ % von 20 €. f) 60% von 4 200 m^2 sind ▮ a.

7. Erweitere jeweils die beiden Brüche so, dass sie dann den kleinstmöglichen gemeinsamen Nenner besitzen.
a) $\frac{2}{3}$ und $\frac{3}{5}$ b) $\frac{3}{4}$ und $\frac{5}{6}$ c) $\frac{3}{8}$ und $\frac{11}{20}$ d) $\frac{4}{5}$ und $\frac{7}{12}$ e) $\frac{17}{18}$ und $\frac{7}{30}$

8. Kürze auf Grundform
$\frac{6}{8}$ $\frac{3}{12}$ $\frac{24}{30}$ $\frac{26}{39}$ $\frac{34}{71}$ $\frac{75}{125}$ $\frac{55}{85}$ $\frac{47}{94}$ $\frac{38}{108}$ $\frac{56}{84}$ $\frac{102}{17}$ $\frac{55}{220}$ $\frac{5!}{6!}$ $\frac{6!}{2! \cdot 3!}$

Hinweis:
$6! = 1 \cdot 2 \cdot 3 \cdot 4 \cdot 5 \cdot 6$

9. Gib für $\frac{3}{4}$, $\frac{5}{12}$, $\frac{15}{27}$ und $\frac{7}{36}$ alle wertgleichen Brüche an, die folgende Bedingungen erfüllen:
a) Der Nenner ist zweistellig und durch 6 teilbar.
b) Der Nenner ist eine Zahl zwischen 90 und 110.
c) Der Zähler ist durch 12 teilbar, der Nenner kleiner als 100.

Dezimalzahlen

Brüche, deren Nenner Zehnerstufenzahlen sind, können als **Dezimalzahlen** geschrieben werden.
Beispiele: $\frac{2}{5} = \frac{4}{10} = 0{,}4$; $\frac{51}{1000} = 0{,}051$; $13\frac{47}{1000} = 13{,}047$

Die Stellen nach dem Komma nennt man **Dezimalen**.
Die 1. (2., 3., …) Stelle hinter dem Komma bedeuten Zehntel (Hundertstel, Tausendstel, …).

Stellenwerttafel

Dezimalzahlen kann man übersichtlich mithilfe einer **Stellenwerttafel** darstellen:

H	Z	E	Komma	z	h	t	Zahl	gelesen
	1	3	,	0	4	7	13,047	dreizehn Komma null vier sieben

Umwandeln von Dezimalzahlen

Bei der **Umwandlung einer Dezimalzahl in einen Bruch** wird der Dezimalteil zum Zähler des „Zehnerbruchs"; der Nenner ist diejenige Zehnerstufenzahl, die ebenso viele Nullen besitzt, wie der Dezimalteil Stellen hat:

$0{,}3 = \frac{3}{10}$ $0{,}81 = \frac{81}{100}$ $0{,}147 = \frac{147}{1000}$ $2{,}09 = 2\frac{9}{100} = \frac{209}{100}$ …

Umwandlung eines Bruchs in eine Dezimalzahl: Jeder Bruch, dessen Nenner eine Zehnerstufenzahl ist oder durch Kürzen und/oder Erweitern des Bruchs zu einer Zehnerstufenzahl gemacht werden kann, kann in eine Dezimalzahl umgewandelt werden; z. B.

$\frac{7}{10} = 0{,}7$ $\frac{3}{4} = \frac{3 \cdot 25}{4 \cdot 25} = \frac{75}{100} = 0{,}75$

$\frac{19}{250} = \frac{19 \cdot 4}{250 \cdot 4} = \frac{76}{1000} = 0{,}076$ $\frac{99}{45} = \frac{99:9}{45:9} = \frac{11}{5} = \frac{11 \cdot 2}{5 \cdot 2} = \frac{22}{10} = 2{,}2.$

Erweitern und Kürzen

Der Wert einer Dezimalzahlzahl bleibt gleich, wenn man rechts vom Komma **Endnullen anhängt** (dies entspricht dem Erweitern mit einer Zehnerstufenzahl) oder **weglässt** (dies entspricht dem Kürzen mit einer Zehnerstufenzahl).
Beispiel: 2,5 = 2,500; 3,780 = 3,78

Größenvergleich

Beim Größenvergleich von Dezimalzahlen mit gleichem Vorzeichen vergleicht man stellenweise.
Beispiele: **3**,5 > **2**,7; 3,**2**5 < 3,**3**1

Runden von Dezimalzahlen

Für das Runden ist nur die Ziffer von Bedeutung, die der Stelle, auf die gerundet werden soll, unmittelbar folgt.

- Bei den Ziffern 0, 1, 2, 3 und 4 rundet man **ab**.
  Beispiel:
  0,23489 ≈ 0,23 (gerundet auf Hundertstel).

- Bei den Ziffern 5, 6, 7, 8 und 9 rundet man **auf**.
  Beispiel:
  0,23489 ≈ 0,235 (gerundet auf Tausendstel).

Aufgaben

1. Gib jeden der Brüche zunächst als „Zehnerbruch“, dann in Dezimalschreibweise und schließlich als Prozentsatz an.
$\frac{3}{4}$ $\frac{3}{5}$ $\frac{1}{20}$ $\frac{3}{25}$ $\frac{7}{8}$ $\frac{7}{10}$ $\frac{9}{16}$ $\frac{18}{25}$ $\frac{7}{20}$ $\frac{9}{250}$ $\frac{12}{125}$
Welcher dieser Brüche ist der kleinste, welcher der größte?

2. Gib jede der folgende Dezimalzahlen als Bruch in Grundform und als gemischte Zahl an.
1,8 5,99 0,65 2,01 13,105 0,625 0,0025
Welche dieser Zahlen unterscheidet sich von der nächstgrößeren natürlichen Zahl am wenigsten, welche am meisten?

3. Auf einer Zahlengeraden haben die Bildpunkte der Zahlen 0 und 0,5 voneinander die Entfernung 10 cm.

a) Zeichne die Zahlengerade im Bereich 0,2 bis 0,7 und markiere die Bildpunkte der Dezimalzahlen 0,25 und 0,52.

b) Gib vier Dezimalzahlen an, deren Bildpunkte zwischen den Bildpunkten der Zahlen 0,25 und 0,52 liegen, und trage ihre Bildpunkte ein.

4. Finde jeweils heraus, welche Zahl ihren Bildpunkt in der Mitte zwischen den Bildpunkten von

a) 0,3 und 0,4 **b)** 0,2 und 0,9 **c)** 5,24 und 6
d) 4,44 und 4,89 **e)** 0,100 und 0,198 hat. **f)** 0,9 und 0,10

5. Ordne die Zahlen 0,22 $\frac{3}{20}$ 1,02 1,405 $1\frac{9}{200}$ 1,2 $1\frac{2}{5}$ $\frac{5}{2}$
der Größe nach. Beginne dabei mit der kleinsten Zahl.

6. Runde jeweils auf die in der [eckigen] Klammer angegebene Einheit.

a) 5 cm 7 mm [cm] **b)** 3 kg 27 g [Hundertstel kg] **c)** 20 ha 80 a [ha]
d) 6 km 7 dm [m] **e)** 5 hl 99 l [hl] **f)** 8 h 45 min [h]

7. Gib den Anteil jeweils als Bruch in Grundform, als Dezimalzahl und in Prozentschreibweise an.

a) Von den 25 Schülern/Schülerinnen der Klasse 6b waren am Wandertag 4 krank.

b) Unter den 15 Äpfeln, die ich aufgesammelt habe, waren 3 faule.

c) Gregor hat gestern 3 Stunden gelernt, davon zweieinviertel Stunden für den Lateintest.

8. Im Rezept für einen Nusskuchen finden sich neben Eiern, Milch und Gewürzen die am Rand angegebenen Zutaten.

100 g Nüsse, gerieben
150 g Nüsse, gehackt
200 g Zucker
50 g Mehl

a) Gib die Anteile der einzelnen Zutaten in dieser Auflistung als Brüche in Grundform, als Dezimalzahlen und in Prozentschreibweise an.

b) Stelle die aufgelisteten Zutaten in einem Säulendiagramm und die Anteile der aufgelisteten Zutaten in einem Kreisdiagramm dar.

9. In der Kantine der Sportartikelfabrik TIBIA stehen drei Kaffeeautomaten. Der Automat A kann 50 Tassen in 35 Minuten ausgeben, der Automat B 45 Tassen in 60 Minuten und der Automat C 100 Tassen in 72 Minuten.
Finde heraus, welcher Automat der schnellste und welcher der langsamste ist.

Zufallsexperimente

Zufallsexperimente sind Vorgänge, deren Ergebnis **zufällig**, also nicht voraussagbar ist.

Beispiele: Würfeln mit einem Spielwürfel, Ziehen der Lottozahlen, Drehen eines Glücksrads, Werfen einer Münze;

Bei der Auswertung der Ergebnisse von Zufallsexperimenten verwendet man häufig die Darstellung in einer **Strichliste**, in einer **Tabelle** oder in einem **Diagramm**.

Beispiel: Lucas würfelt 30-mal; er unterscheidet Treffer (z. B. Werfen der Augenanzahl 1) und Nieten (hier Werfen einer der Augenanzahlen 2; 3; 4; 5; und 6).

Strichliste:

Augenanzahl	Anzahl
1	𝍸 I
nicht 1	𝍸 𝍸 𝍸 𝍸 IIII

Tabelle:

Augenanzahl	Anzahl
1	6
nicht 1	24

Diagramme:

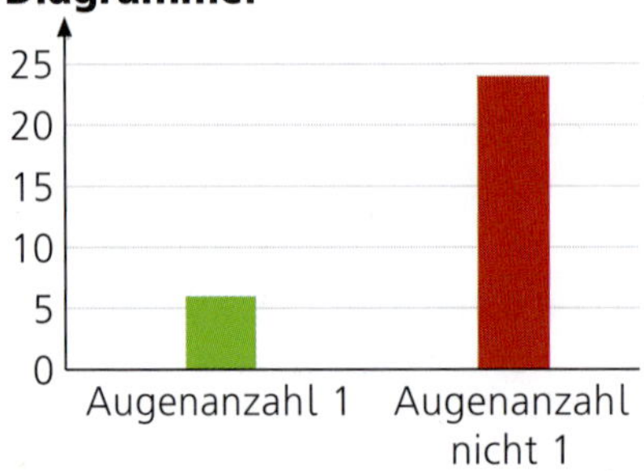

Säulendiagramm

Kreisdiagramm

Absolute und relative Häufigkeit

Führt man ein Zufallsexperiment n-mal durch, so bezeichnet man die Anzahl k, mit der ein bestimmtes Versuchsergebnis auftritt, als **absolute Häufigkeit** dieses Versuchsergebnisses.

Der Anteil $\frac{k}{n}$ heißt **relative Häufigkeit** dieses Versuchsergebnisses:

$$\frac{k}{n} = \frac{\text{„so oft ist ein bestimmtes Versuchsergebnis eingetreten"}}{\text{„so oft ist das Zufallsexperiment durchgeführt worden"}}$$

Beispiel: Ein Spielwürfel wird n-mal (z.B. 30-mal) geworfen; k-mal (z. B. 6-mal) erscheint die Augenanzahl 1.

Anzahl der „Einser": 6 (**absolute** Häufigkeit)

Anteil der „Einser": $\frac{6}{30} = \frac{1}{5} = 20\%$ (**relative** Häufigkeit)

Aufgaben

1. Bei der Klassensprecherwahl gab es die folgende Stimmenverteilung:

Name	Lea	Sophie	Jakob	Matteo
Anzahl der Stimmen	𝍸 IIII	III	𝍸 𝍸	𝍸 III

a) Erstelle für das Ergebnis der Klassensprecherwahl ein Säulendiagramm für die absoluten Häufigkeiten.

b) Finde heraus, wie viel Prozent der Stimmen (auf Zehntel Prozent gerundet) jedes der vier Kinder erhielt.

c) Stelle die relativen Häufigkeiten der Stimmen in einem Kreisdiagramm dar.

d) Erkläre die Aussage der Lehrerin: „Keine/keiner hat die absolute Mehrheit der abgegebenen Stimmen erreicht."

2. Berechne jeweils die relativen Häufigkeiten und gib sie in Bruch- und in Prozentschreibweise an.

a) In unserem Urlaub hat es an 2 von 10 Tagen geregnet.

b) Laura hat 120-mal gewürfelt; darunter waren 15 Sechsen.

c) Von 25 Kindern in der Klasse 6A gehen 12 in die Mittagsbetreuung.

d) Gregor hat bei 30 Elfmetern 21mal getroffen.

e) Zehn von 25 Schülern/Schülerinnen der Klasse 6B erhielten im letzten Mathematiktest Note 1 oder Note 2.

3. Würfle mit einem Spielwürfel insgesamt 100-mal. Stelle die geworfenen Augenanzahlen in einer Strichliste dar. Gib die absolute und die relative Häufigkeit jeder Augenanzahl in einer Tabelle an. Veranschauliche die absoluten Häufigkeiten in einem Säulendiagramm und die relativen Häufigkeiten in einem Kreisdiagramm.

4. 800 Schülerinnen und Schüler des Adam-Ries-Gymnasiums wurden befragt, welche der Schülergruppen beim Schulfest auftreten soll. Das Ergebnis der Umfrage ist in der Tabelle dargestellt:

Schülergruppe	The Rocking Kids	Die lustigen 8	Zahnarzttöchter	Louis und die Lateiner	Vollkornbrot
Anzahl der Stimmen	144				108
rel. Häufigkeit		7,5%	44%		

a) Vervollständige die Tabelle.

b) Erstelle für die relativen Häufigkeiten ein Säulendiagramm.

c) Wegen zu geringer Gage sagen die „Zahnarzttöchter" ihren Auftritt rechtzeitig ab. Bei der ursprünglichen Abstimmung musste auch ein Zweitwunsch angegeben werden. Von den Schülerinnen und Schülern, die für die Zahnarzttöchter gestimmt haben, gaben 68 „The Rocking Kids", 102 „Vollkornbrot", 90 „Louis und die Lateiner" und der Rest „Die lustigen 8" an. Erstelle eine neue Tabelle sowie ein Säulendiagramm für das „neue" Abstimmungsergebnis.

5. Finde heraus, wie viel Prozent der zehn Aufgaben richtig gelöst wurden.

a) $1\,005 : 5 = 210$ b) $3 \cdot 5^2 = 225$ c) $(3 \cdot 6)^2 = 324$ d) $(12\text{ m})^2 = 1{,}44\text{ a}$

e) $430 : 11 \approx 40$ f) $\frac{184}{161} = 1\frac{1}{7}$ g) $\frac{48!}{50!} = \frac{1}{2\,450}$ h) $25\% = \frac{1}{4}$

i) $3\,836 : 64 \approx 60$ j) $\frac{5\,555 + 3\,333}{6\,666 - 4\,444} = 4$

6. Stelle das Ergebnis des 1. Mathematiktests der Klasse 6B in einem Kreisdiagramm dar.

Noten im 1. Mathematiktest

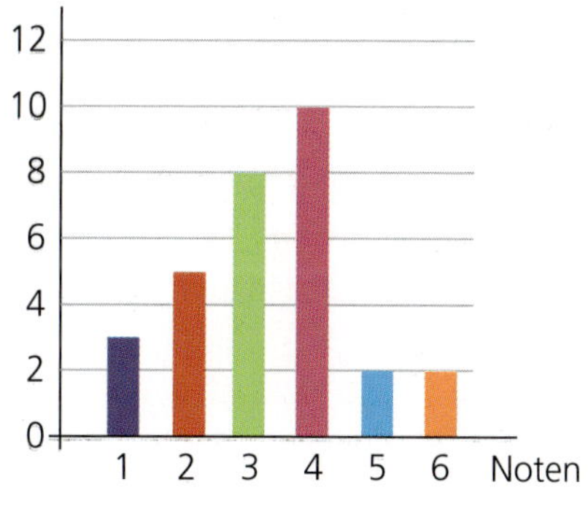

Addition und Subtraktion gleichnamiger Brüche

Brüche, die gleiche Nenner besitzen, heißen **gleichnamig.**
Gleichnamige Brüche werden addiert bzw. subtrahiert, indem man ihre **Zähler** addiert bzw. subtrahiert und den gemeinsamen **Nenner** beibehält.

Beispiele: $\frac{5}{12} + \frac{2}{12} = \frac{5+2}{12} = \frac{7}{12}$ $\qquad$ $\frac{11}{12} - \frac{4}{12} = \frac{11-4}{12} = \frac{7}{12}$

Allgemein gilt

$\frac{a}{n} + \frac{b}{n} = \frac{a+b}{n}$ $\qquad$ $\frac{c}{n} - \frac{d}{n} = \frac{c-d}{n}$ $\qquad$ $a, b, c, d \in \mathbb{N}_0;\ c \geqq d;\ n \in \mathbb{N}$

Gemischte Zahlen werden addiert bzw. subtrahiert, indem man jeweils sowohl die natürlichen Zahlen wie auch die Brüche addiert bzw. subtrahiert.

Beispiele: $3\frac{2}{7} + 1\frac{3}{7} = (3+1) + \frac{2+3}{7} = 4\frac{5}{7}$ $\qquad$ $7\frac{8}{11} - 1\frac{3}{11} = (7-1) + \frac{8-3}{11} = 6\frac{5}{11}$

Addition und Subtraktion ungleichnamiger Brüche

Ungleichnamige Brüche werden vor dem Addieren bzw. Subtrahieren zunächst vollständig gekürzt. Dann werden diese gekürzten Brüche **gleichnamig** gemacht; dazu erweitert man sie so, dass sie dann alle den gleichen Nenner haben.
Als neuen Nenner wählt man am besten das kleinste gemeinsame Vielfache (**kgV**) der Nenner der vollständig gekürzten Brüche; dieser (kleinste gemeinsame) Nenner wird als **Hauptnenner** bezeichnet.

Beispiele: $\frac{5}{6} + \frac{1}{9} = \frac{15}{18} + \frac{2}{18} = \frac{17}{18}$ $\qquad$ $\frac{5}{6} - \frac{6}{8} = \frac{5}{6} - \frac{3}{4} = \frac{10}{12} - \frac{9}{12} = \frac{1}{12}$

Bei gemischten Zahlen mit ungleichnamigen Bruchanteilen werden die Bruchanteile vor der Addition bzw. Subtraktion ebenfalls gleichnamig gemacht.

Beispiel: $2\frac{7}{12} + 1\frac{1}{24} = 2\frac{14}{24} + 1\frac{1}{24} = 3\frac{15}{24} = 3\frac{5}{8}$

Addition und Subtraktion von Dezimalzahlen

Dezimalzahlen werden addiert bzw. subtrahiert, indem man Komma unter Komma schreibt und stellenweise addiert bzw. subtrahiert; das Ergebnis erhält an der entsprechenden Stelle das Komma.

Beispiele: **Addition**

	T	H	Z	E	z	h	t	Stellenwert
	1	3	4	0,	6	7	8	
		4	7	2,	9	0	0	
				5,	7	1	5	
+		1		2		1		Übertrag
	1	8	1	9,	2	9	3	Summenwert

Subtraktion

	T	H	Z	E	z	h	t	Stellenwert
	1			5				
	2̸	0	7	6̸,	3	4	5	
–		4	3	4,	7	1	0	
	1	6	4	1,	6	3	5	Differenzwert

Kommutativ- und Assoziativgesetz

Das **Kommutativgesetz der Addition** gilt auch für Brüche und Dezimalzahlen.
Beispiele: $\frac{2}{7} + \frac{3}{7} = \frac{5}{7} = \frac{3}{7} + \frac{2}{7}$; $\quad 3{,}5 + 1{,}9 = 5{,}4 = 1{,}9 + 3{,}5$

Das **Assoziativgesetz der Addition** gilt ebenfalls auch für Brüche und Dezimalzahlen.

Beispiele: $\left(2\frac{1}{20} + \frac{7}{20}\right) + \frac{3}{20} = 2\frac{8}{20} + \frac{3}{20} = 2\frac{11}{20}$

$2\frac{1}{10} + \left(\frac{7}{20} + \frac{3}{20}\right) = 2\frac{1}{20} + \frac{10}{20} = 2\frac{11}{20}$

$(0{,}8 + 1{,}7) + 0{,}3 = 2{,}5 + 0{,}3 = 2{,}8 = 0{,}8 + (1{,}7 + 0{,}3) = 0{,}8 + 2{,}0 = 2{,}8$

Aufgaben

0	$\frac{1}{2}$	$\frac{7}{8}$	1	2,01	$4\frac{9}{10}$
N	B	E	L	I	R

1. Berechne zunächst jeweils den Termwert; suche dann für dein Ergebnis den zugehörigen Buchstaben. Die sieben Buchstaben ergeben das Lösungswort.

a) $0{,}125 + 0{,}375$ b) $0{,}5 + 0{,}25 + 0{,}125$ c) $2{,}05 + 3{,}95 - 1{,}1$

d) $\frac{4}{3} - \frac{3}{4} + \frac{5}{12}$ e) $5\frac{1}{5} - 3\frac{3}{15} + \frac{4}{3} - 1\frac{1}{3} + \frac{1}{100}$ f) $\frac{4}{9} - \frac{3}{10} + \frac{1}{45} - \frac{1}{6}$

2. Berechne jeweils den Wert des Terms; nütze Rechenvorteile.

a) $2{,}5 + 3{,}4 - 1{,}5$ b) $4\frac{7}{10} - 1{,}25 + 5\frac{3}{10} + 2{,}5$ c) $1\frac{1}{9} + 4\frac{2}{3} + 8\frac{8}{9} - 3\frac{4}{6}$

d) $2\frac{1}{2} + 1\frac{2}{3} - 3\frac{5}{6}$ e) $3\frac{4}{9} - \left(\frac{1}{2} + 1\frac{1}{6} - 0{,}75\right)$ f) $1{,}6 - 1{,}06 + 5{,}4 + 1{,}06$

g) $\left(26{,}84 + 1\frac{1}{2}\right) - (13{,}5 - 12{,}004 + 8{,}13)$ h) $17\frac{1}{2} - \left(4{,}5 + 9\frac{2}{3}\right) + \left(4\frac{1}{5} - 3{,}4\right)$

i) $\left(4\frac{2}{5} - 3{,}125 + 1\frac{7}{20}\right) - \left[2{,}5 - \left(\frac{1}{2} + \frac{2}{3} + \frac{3}{4}\right)\right]$ j) $\left(0{,}3 + \frac{1}{3}\right) + \left(0{,}6 - \frac{1}{4}\right) + 1\frac{1}{15}$

k) $12{,}047 + 16\frac{3}{4} - \left(10{,}23 + 4\frac{3}{5} - 0{,}8\right) + 21{,}233$ l) $\left(\frac{7}{8} - \frac{3}{4}\right) + \left(\frac{11}{12} - \frac{5}{6}\right) + \left(\frac{23}{24} - \frac{11}{12}\right)$

m) $\left(13{,}111 - 0{,}111 + 6\frac{1}{6}\right) + \left(3\frac{3}{4} - 1\frac{5}{12}\right) - 8{,}5$ n) $\left(\frac{1}{2} + \frac{2}{3}\right) - \left(\frac{7}{6} - \frac{8}{9}\right) + 9\frac{1}{9}$

Wie viel Prozent der Ergebnisse sind größer als 6?

3. In dem Rechteck stehen 12 Zahlen.

$\frac{2}{3}$	$1\frac{3}{8}$	1,52	0,75
1,552	0,20	$\frac{12}{25}$	$\frac{4}{3}$
$\frac{5}{4}$	$1\frac{4}{5}$	0,625	0,448

a) Finde Zahlenpaare, deren Summenwert 2 ist.

b) Berechne den Wert der Summe der Zahlen in der ersten Zeile und den der Zahlen in der zweiten Spalte.

c) Wie groß ist der Summenwert aller 12 Zahlen?

d) Subtrahiere die kleinste Zahl im Rechteck von der größten Zahl im Rechteck.

4. Familie Klein und Familie Trepl waren beim Einkaufen. Sie haben folgende Beträge ausgegeben:
Klein: 34,95 €; 236,25 €; 5,79 €; 78,50 €; 56,80 €
Trepl: 17,50 €; 367,25 €; 33,58 €; 5,05 €; 53,50 €
Was könnte Familie Klein eingekauft haben, was Familie Trepl?
Herr Klein hatte 500 € im Geldbeutel, Frau Trepl 625 €. Reicht bei jeder der beiden (jeweils vierköpfigen) Familien der Rest des Gelds noch für ein Mittagessen?

5. In der Klasse 6A besuchen $\frac{2}{3}$ der Schüler/Schülerinnen den evangelischen Religionsunterricht, 5 Schüler/Schülerinnen den katholischen Religionsunterricht und 12,5% der Schüler/Schülerinnen den Ethikunterricht. In die Klasse 6A gehen 10 Mädchen. Finde heraus, wie viele Jungen in die Klasse 6A gehen.

Cocktail Orange
4,5 l Orangensaft
$\frac{5}{8}$ l Sirup
0,2 l Limettensaft
4 Flaschen Mineralwasser (je 0,7 l)

6. Für ihre Klassenparty stellen Lucas und Laura ein Erfrischungsgetränk her (siehe Rezept). Finde heraus, wie viel Liter *Cocktail Orange* sie erhalten.

7. Berechne jeweils den Termwert und finde eine passende Aufgabe.

a) $2{,}8\ \text{kg} - 1\frac{5}{8}\ \text{kg} + 675\ \text{g}$ b) $2{,}05\ \text{m} + 124{,}5\ \text{cm} - 15\frac{3}{5}\ \text{dm}$

c) $52{,}5\ \text{m}^2 - \frac{1}{4}\ \text{a} - 625\ \text{dm}^2$ d) $815\ \text{min} + 6\frac{3}{4}\ \text{h} + 720\ \text{s} - \frac{3}{8}\ \text{d}$

Multiplikation von Brüchen

Ein positiver Bruch wird mit einer natürlichen Zahl multipliziert, indem man den Zähler mit der natürlichen Zahl multipliziert und den Nenner beibehält:

Beispiel: $5 \cdot \frac{2}{3} = \frac{5 \cdot 2}{3} = \frac{10}{3} = 3\frac{1}{3}$

Zwei Brüche werden miteinander multipliziert, indem man das Produkt ihrer Zähler durch das Produkt ihrer Nenner dividiert:

Beispiel: $\frac{6}{5} \cdot \frac{2}{3} = \frac{6 \cdot 2}{5 \cdot 3} = \frac{2 \cdot 2}{5 \cdot 1} = \frac{4}{5}$

Vor dem Ausmultiplizieren sollte man nach Möglichkeit kürzen.

Division von Brüchen

Ein Bruch wird durch eine natürliche Zahl dividiert, indem man den **Nenner** des Bruchs mit dieser natürlichen Zahl **multipliziert** und den Zähler beibehält.

Beispiel: $\frac{4}{5} : 3 = \frac{4}{5 \cdot 3} = \frac{4}{15}$

Statt durch einen Bruch zu dividieren, multipliziert man mit seinem Kehrwert.

Beispiel: $\frac{1}{4} : \frac{3}{5} = \frac{1}{4} \cdot \frac{5}{3} = \frac{1 \cdot 5}{4 \cdot 3} = \frac{5}{12}$

Multiplizieren von Dezimalzahlen

Dezimalzahlen werden zunächst ohne Rücksicht auf das Komma wie natürliche Zahlen miteinander multipliziert; das Komma wird dann im Ergebnis so gesetzt, dass der Produktwert ebenso viele Dezimalzahlen hat, wie die Faktoren zusammen besitzen:

Beispiele: $134 \cdot 216 = 28\,944$; $13{,}4 \cdot 2{,}16 = 28{,}944$
$3 \cdot 75 = 225$; $3 \cdot 0{,}75 = 2{,}25$

Dividieren von Dezimalzahlen

Eine Dezimalzahl wird durch eine natürliche Zahl dividiert, indem man wie bei natürlichen Zahlen dividiert, aber beim Überschreiten des Kommas des Dividenden auch im Quotientenwert ein Komma setzt.

Beispiel: $14{,}56 : 4 = 3{,}64$

Um eine Dezimalzahl durch eine Dezimalzahl zu dividieren, führt man zuerst eine **gleichsinnige Kommaverschiebung** um so viele Stellen nach rechts durch, dass der Divisor eine natürliche Zahl ist; durch diese natürliche Zahl wird dann dividiert:

Beispiel: $1{,}962 : 0{,}6 = 19{,}62 : 6 = 3{,}27$

Abbrechende und periodische Dezimalzahlen

Jeder Bruch kann in eine Dezimalzahl umgewandelt werden, indem man den Zähler durch den Nenner dividiert.
Bricht die Division ab, erhält man eine **abbrechende Dezimalzahl**; bricht die Division nicht ab, erhält man eine **periodische Dezimalzahl**.

Beispiele: $\frac{3}{8} = 3 : 8 = 0{,}375$; $\frac{2}{3} = 2 : 3 = 0{,}6666\ldots = 0{,}\overline{6}$

Kommutativgesetz Assoziativgesetz

Der Wert eines Produkts ändert sich nicht, wenn man die Faktoren

- vertauscht (**Kommutativgesetz**)
  Beispiel: $\frac{3}{4} \cdot \frac{1}{5} = \frac{3}{20} = \frac{1}{5} \cdot \frac{3}{4}$
- mit Klammern zusammenfasst oder vorhandene Klammern weglässt (**Assoziativgesetz**)
  Beispiel: $(7{,}8 \cdot 0{,}25) \cdot 4 = 1{,}95 \cdot 4 = 7{,}8 = 7{,}8 \cdot (0{,}25 \cdot 4) = 7{,}8 \cdot 1 = 7{,}8$

Rechenregeln

Auch beim Rechnen mit nichtnegativen rationalen Zahlen hält man sich an die bekannten Vereinbarungen:

- Terme, die in Klammern stehen, werden zuerst berechnet. Dabei beginnt man mit der innersten Klammer.
  Beispiel: $[0{,}125 + (7{,}5 - 1{,}5) : 0{,}75] \cdot 8 = [0{,}125 + 6{,}0 : 0{,}75] \cdot 8$
  $= [0{,}125 + 8] \cdot 8 = 8{,}125 \cdot 8 = 65$
- Potenzrechnungen werden vor „Punktrechnungen" ausgeführt.
  Beispiel: $5 \cdot \left(\frac{2}{3}\right)^4 = 5 \cdot \frac{16}{81} = \frac{80}{81}$
- „Punktrechnungen" werden vor „Strichrechnungen" ausgeführt.
  Beispiel: $7\frac{1}{6} - \frac{1}{6} \cdot (2{,}4 + 0{,}6) = 7\frac{1}{6} - \frac{1}{6} \cdot 3 = 7\frac{1}{6} - \frac{3}{6} = 6\frac{2}{3}$

Distributivgesetz

Auch für alle nichtnegativen rationalen Zahlen gilt das **Distributivgesetz**.
Beispiele: $2\frac{1}{4} \cdot \frac{1}{6} + 3\frac{3}{4} \cdot \frac{1}{6} = \left(2\frac{1}{4} + 3\frac{3}{4}\right) \cdot \frac{1}{6} = 6 \cdot \frac{1}{6} = 1$
$4{,}4 : 2{,}5 - 1{,}8 : 2{,}5 = (4{,}4 - 1{,}8) : 2{,}5 = 2{,}6 : 2{,}5 = 1{,}04$

Rechenvorteile

Die Anwendung des Distributivgesetzes bringt oft zusätzliche Rechenvorteile:
Beispiele:
$8 \cdot 0{,}3 + 8 \cdot 1{,}7 = 8 \cdot (0{,}3 + 1{,}7) = 8 \cdot 2 = 16$ („Ausklammern")
$4 \cdot 5\frac{3}{4} = 4 \cdot \left(5 + \frac{3}{4}\right) = 4 \cdot 5 + 4 \cdot \frac{3}{4} = 20 + 3 = 23$ („Ausmultiplizieren")
$99 \cdot 47 = (100 - 1) \cdot 47 = 100 \cdot 47 - 1 \cdot 47 = 4\,700 - 47 = 4\,653$ („Zerlegen")

Aufgaben

1. Berechne jeweils den Termwert; nütze Rechenvorteile.

a) $(6{,}5 \cdot 0{,}5 + 2{,}7 \cdot 0{,}5) - 9{,}2 \cdot 0{,}5$
b) $\left(8{,}2 : \frac{1}{2} + 10{,}8 : \frac{1}{2}\right) - 14 : \frac{1}{2}$
c) $0{,}12^2 : 0{,}6$
d) $3\frac{7}{9} - 3 \cdot \frac{2}{9}$
e) $(3{,}875 - 0{,}\overline{6} : \frac{4}{7}) \cdot 0{,}64$
f) $2\frac{5}{6} - \frac{5}{6} : 0{,}8$
g) $\left(1\frac{2}{7} + 9\frac{6}{7} : 3\right) \cdot \left(\frac{1}{2}\right)^3$
h) $\left(\frac{3}{4} \cdot 5\frac{1}{3} - \frac{1}{3}\right) : 1\frac{4}{7} - 0{,}\overline{2} \cdot 2{,}25$
i) $\frac{63}{81} - \left(\frac{12}{27} - \frac{2}{18}\right)$
j) $\frac{91}{81} - \left(\frac{12}{27} - \frac{2}{18}\right)^2$
k) $\left[\left(\frac{1}{5} : 3 - \frac{1}{5} \cdot \frac{1}{3}\right) : \frac{8}{30} + 0{,}5\right] : \frac{2}{3}$
l) $\left(\frac{7}{12} + \frac{37}{111}\right) : \frac{11}{6} + \frac{1}{4} : \frac{1}{2}$

Wie viel Prozent der Terme sind (1) Summen (2) Differenzen (3) Quotienten?

2. Stelle jeweils den Term auf und berechne seinen Wert.

a) Subtrahiere von der Summe der Zahlen $2\frac{3}{4}$ und 1,6 das Quadrat von $\frac{3}{5}$ und dividiere die Differenz durch 3.

b) Addiere zum Produkt der Zahlen 3,7 und 0,2 den Quotienten mit dem Dividenden 0,224 und dem Divisor 0,7 und dividiere die Summe durch die Differenz mit dem Minuenden $1\frac{1}{5}$ und dem Subtrahenden 0,4.

c) Subtrahiere das Dreifache der Summe der Zahlen $\frac{7}{8}$ und 2,375 von $11{,}\overline{6}$ und multipliziere die Differenz mit dem Quotienten mit dem Dividenden $1\frac{7}{20}$ und dem Divisor 0,225.

d) Addiere zum Quotienten, dessen Dividend das Produkt der Zahlen 0,1875 und $2\frac{2}{15}$ und dessen Divisor die Differenz mit dem Minuenden 5,12 und dem Subtrahenden $4\frac{4}{5}$ ist, ein Drittel der Zahl 4,875.

3. Das Produkt dreier Stammbrüche hat den Wert $\frac{1}{182}$. Finde heraus, welchen Wert die Summe dieser drei Stammbrüche besitzt.

Ein Stammbruch ist ein Bruch mit dem Zähler 1.

Tipp: Untersuche zunächst, ob die Brüche in Grundform sind!

4. Wandle jeden der zehn Brüche $\frac{11}{22}$, $\frac{13}{25}$, $\frac{9}{16}$, $\frac{7}{10}$, $\frac{4}{7}$, $\frac{15}{60}$, $\frac{33}{55}$, $\frac{17}{64}$, $\frac{36}{27}$ und $\frac{0}{120}$ in eine Dezimalzahl um.

a) Ordne die Zahlen in einer steigenden Ungleichungskette an.

b) Gib den Wert ihres Produkts (durch Überlegen) an.

5. Von einem Grundstück, das 2,0822 ha groß ist, sind 1,0052 ha für den Bau einer Straße abzutreten. Der Rest wird in Bauplätze von je 3,59 a aufgeteilt. Berechne, wie viele Bauplätze sich ergeben.

6. Ein Parkplatz ist etwa so groß wie ein Fußballplatz. Etwa wie viele Autos können darauf parken?

7. Der Boden eines Badezimmers, der 4,2 m lang und 3,6 m breit ist, soll mit rechteckigen Fliesen (20 cm x 10 cm), ausgelegt werden. Der Fliesenleger bestellt ein Zwölftel mehr als für das Auslegen notwendig sind. Berechne, wie viele Fliesen der Fliesenleger bestellt.

8. Ergänze die Tabelle

a	b	a + b	a − b	a · b	a : b
3	$2\frac{1}{6}$	$5\frac{1}{6}$			
2,1	$\frac{4}{5}$				
$\frac{3}{4}$		1,25			
		1,5	$\frac{1}{2}$		
	1,6				$2\frac{7}{24}$

9. Berechne jeweils den Termwert.

a) $\left(1{,}\overline{2} \cdot \frac{9}{11} + \frac{16}{45} : \frac{8}{9} - 0{,}5 : \frac{5}{2}\right) : 0{,}3 + 0{,}7 \cdot 11\frac{3}{7}$

b) $\left[\left(1\frac{3}{4} \cdot 1\frac{1}{3} - 2\right) : \left(0{,}7 + 0{,}8 \cdot \frac{1}{6}\right) + 8\frac{3}{5}\right] : \left[5{,}6 \cdot \left(3 - \frac{1}{7}\right) - 11\frac{1}{2}\right]$

c) $0{,}75 \cdot \frac{5}{\frac{3}{8}} \cdot 1{,}5^2 - \left[\left(\frac{1}{0{,}08} + \frac{1}{0{,}025}\right) \cdot \left(\frac{1}{5}\right)^2\right]$

d) $\dfrac{27 \cdot \left(3\frac{7}{15} + 10{,}7\right)}{5\frac{7}{15} - 2\frac{11}{12}}$ e) $\dfrac{\frac{4}{11} \cdot 8{,}25 + \frac{1}{18} : \left(2\frac{7}{18} - 2{,}1\overline{6}\right)}{2 - 1\frac{23}{24}}$

10. Berechne den Wert des Quotienten jeweils auf Hundertstel gerundet.

a) 579 : 34 **b)** 729 : 1 008 **c)** 555 : 55 **d)** 55 : 555 **e)** 1 234 : 225

11. 5,6 · 7,5 = 42.
Löse jede der sechs Teilaufgaben durch Überlegen.

a) 56 · 75 **b)** 42 : 0,56 **c)** 0,56 · 75 **d)** 42 : 75 **e)** (5,6 · 7,5) : 42 **f)** (56 · 0,75)

12. $\frac{1}{2} : \frac{1}{150} = \frac{150}{2} = 75$
Löse jede der Teilaufgaben durch Überlegen.

a) $\frac{1}{2} : \frac{1}{15}$ b) $\frac{1}{20} : \frac{1}{150}$ c) $75 : \frac{1}{2}$ d) $\frac{1}{20} : \frac{1}{1\,500}$ e) $1 : \frac{1}{150}$

f) $\left(\frac{1}{2} : \frac{1}{150}\right) : 75$ g) $2 \cdot \left(\frac{1}{2} : \frac{1}{150}\right)$ h) $\left(\frac{1}{2} : \frac{1}{150}\right)^2$ i) $\frac{1}{2} : \frac{1}{150^2}$ j) $\left(\frac{1}{2} : \frac{1}{150}\right) : 2$

13. Sophie behauptet: Wenn $0{,}25 \leqq x < 4$ und $y < 1{,}5$, $x, y \in \mathbb{Q}_0^+$ ist, dann kann gelten

a) $x : y = 10$. b) $x \cdot y = 3\frac{1}{3}$ c) $x \cdot y = 0$.

d) $x \cdot y = 1$. e) $x : y = 50$. f) $x + y = 5$.

Finde heraus, ob Sophie bei allen sechs Teilaufgaben Recht hat, und erläutere deine Meinung an Beispielen.

14. Es ist $\frac{1}{2} - \frac{1}{3} = \frac{1}{6} = \frac{1}{2} \cdot \frac{1}{3}$ und $\frac{4}{5} - \frac{4}{9} = \frac{16}{45} = \frac{4}{5} \cdot \frac{4}{9}$.

a) Gib weitere Zahlenpaare an, bei denen die Differenz und das Produkt den gleichen Wert besitzen.

b) Finde Zahlenpaare, für die die Summe und das Produkt den gleichen Wert besitzen.

15. Ersetze den Platzhalter ▪ durch eines der Zeichen <, > und =, sodass eine wahre Aussage entsteht.

a) $\frac{1}{2}$ ▪ $\left(\frac{1}{2}\right)^2$ b) $\frac{3}{4} \cdot \frac{5}{8}$ ▪ $\frac{3}{4} : \frac{5}{8}$ c) $10 : \frac{1}{100}$ ▪ $10 \cdot \frac{1}{100}$ d) $0{,}75 \cdot 12$ ▪ $12 : 0{,}75$

e) $0 + \frac{1}{6}$ ▪ $0 : \frac{1}{2} + \frac{1}{6}$ f) $(-121) : (-11)$ ▪ $1 : \frac{1}{11}$ g) $0{,}12 : 1{,}2$ ▪ $0{,}12^2$

16. Die Geschwister Sarah, Laura und Simon haben von ihrer Oma im Jahr 2008 einen 125-g-Goldbarren geerbt.

a) Wie viel Geld würden die Geschwister von der Sparkasse für den Goldbarren erhalten?

b) Finde heraus, ob das Gold dieses Barrens genügen würde, um daraus einen Goldwürfel mit 2 cm Kantenlänge herzustellen.

Dichte: 19,3 $\frac{\text{g}}{\text{cm}^3}$
Preis pro Feinunze: 568 €
1 Feinunze = 31,1 g

17. Eine Tüte Gummibärchen mit dem Aufdruck „250 g" enthält nicht genau 250 g. Eine auf Zehntelgramm genaue Waage überprüft eine Stichprobe von 15 Tüten. Dabei ergeben sich folgende Massen:
261,0 g; 242,1 g; 237,9 g; 232,6 g, 235,7 g; 262,2 g; 250,4 g; 234,0 g; 269,8 g; 267,3 g; 260,3 g; 220,1 g; 252,6 g; 260,5 g und 236,5 g.
Weicht die Masse des Inhalts um mehr als 6% von 250 g ab, wird die Packung aussortiert.

a) Wie viel Prozent der 15 Packungen können verkauft werden?

b) Berechne den Mittelwert der gemessenen Massen. Um wie viel Gramm weicht der Mittelwert vom Sollwert 250 g ab? Wie viel Prozent des Sollwerts sind das?

18. Zur Verpackung von Klebstofftuben werden quaderförmige Pappschachteln hergestellt, die jeweils 16,0 cm lang, 4,5 cm breit und 3,0 cm hoch sind. Für Überlappungen, Klebestellen und Verschnitt muss man 30% des Oberflächeninhalts dazurechnen.
Berechne, wie viel Quadratmeter Pappe man für insgesamt 5 000 solcher Schachteln braucht.

19. Familie Stegner zieht von München nach Starnberg. Sie will den Umzug selbst durchführen. Dazu mietet sie einen Möbelwagen zu folgenden Bedingungen:
Kosten pro Tag: 65 € (inkl. 100 km); jeder weitere Kilometer kostet 29 ct.
Die Übernahme und die Abgabe des Fahrzeugs erfolgen in München.
Herr Stegner geht davon aus, dass der Umzug an einem Tag zu bewältigen ist.
Dabei muss er viermal von München nach Starnberg (Entfernung: 26 km) fahren.
Herr Stegner kalkuliert mit einem Gesamtdieselverbrauch von 23 Litern und Kosten von 1,37 € pro Liter Diesel. Berechne die Umzugskosten.

Bestimmung von Flächeninhalten durch Zerlegung

Wenn man zwei Figuren so **zerlegen** kann, dass ihre Teile paarweise die gleiche Form und die gleiche Größe besitzen (also **deckungsgleich** sind), dann haben diese beiden Figuren den gleichen Flächeninhalt.

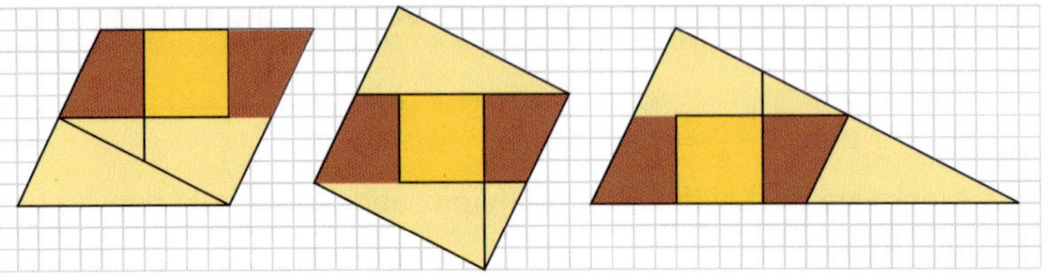

Flächeninhalt des Parallelogramms

Ein **Parallelogramm** ist ein Viereck, bei dem gegenüberliegende Seiten jeweils gleich lang und parallel sind.

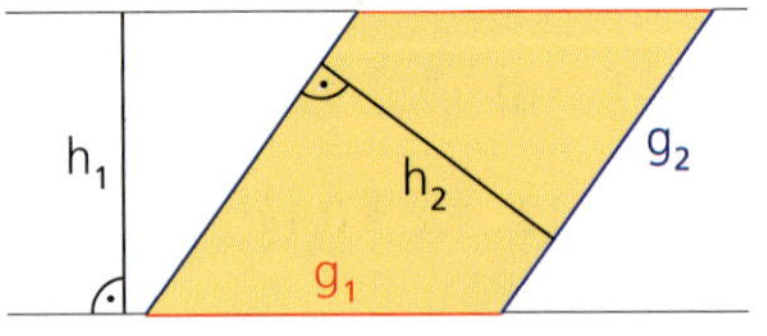

Für den **Flächeninhalt** jedes Parallelogramms gilt:

$$\mathbf{A_{Parallelogramm} = g_1 \cdot h_1 = g_2 \cdot h_2}$$

Hinweis: Mit Höhe kann im Parallelogramm sowohl eine Strecke wie auch deren Länge gemeint sein.

Flächeninhalt des Dreiecks

Jedes Dreieck besitzt drei Seiten, die man manchmal auch Grundlinien nennt. Der Abstand eines Eckpunkts von der gegenüberliegenden Seite heißt **Höhe**. Bei stumpfwinkligen Dreiecken liegen zwei der drei Höhen außerhalb des Dreiecks.

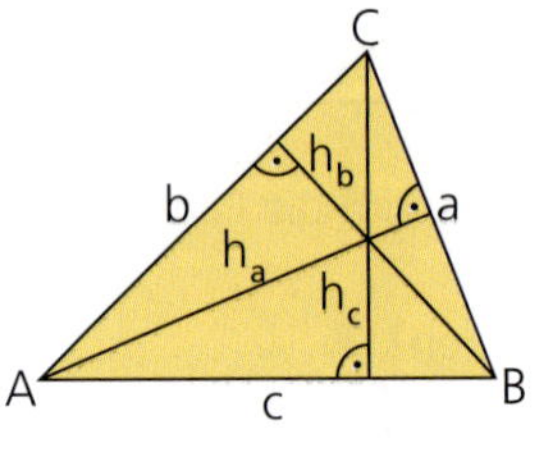

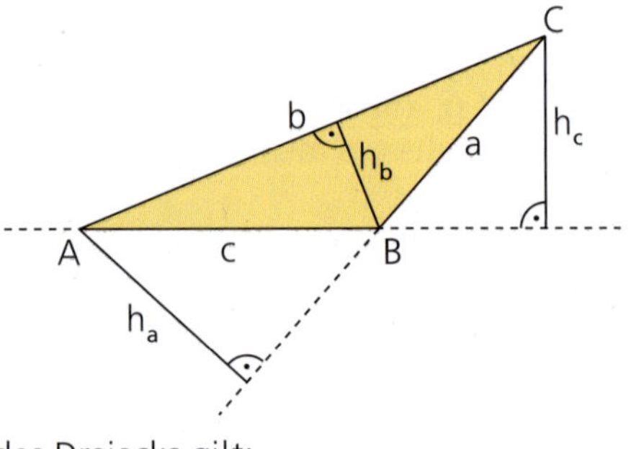

Für den **Flächeninhalt** jedes Dreiecks gilt:

$$\mathbf{A_{Dreieck} = \frac{a \cdot h_a}{2} = \frac{b \cdot h_b}{2} = \frac{c \cdot h_c}{2}}$$

Flächeninhalt des Trapezes

Ein **Trapez** ist ein Viereck, bei dem zwei gegenüberliegende Seiten parallel sind. Man nennt diese zueinander parallelen Strecken **Grundlinien** oder auch **Parallelseiten**; ihr Abstand wird als **Höhe** bezeichnet.

Für den **Flächeninhalt** jedes Trapezes gilt:

$$\mathbf{A_{Trapez} = \frac{a + c}{2} \cdot h}$$

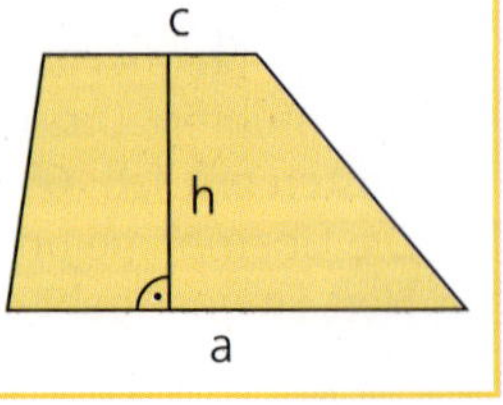

Aufgaben

h_1 ist die zur Grundlinie g_1 gehörende Höhe, h_2 gehört zu g_2.
U : Umfangslänge des Parallelogramms
A: Flächeninhalt des Parallelogramms.

1. Berechne jeweils die fehlenden Größen des Parallelogramms.

	g_1	g_2	h_1	h_2	U	A
a)	8 cm		6 cm		40 cm	
b)		5,4 cm	0,18 dm			7,56 cm²
c)				25 dm	3,06 km	35,7 a
d)	2,4 cm	$3\frac{2}{3}$ cm	3,75 cm			

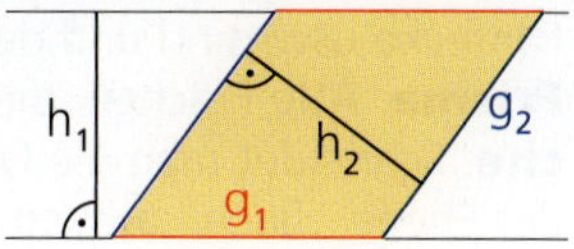

2. Eine Seite eines Dreiecks ist 4,5 cm, die zugehörige Höhe 3 cm lang.

a) Berechne den Flächeninhalt des Dreiecks.

b) Wie ändert sich der Flächeninhalt, wenn die Seitenlänge und die Länge der zugehörigen Höhe jeweils verdoppelt werden?

c) Die Seitenlänge des Dreiecks nimmt um 50% zu und die Länge der zugehörigen Höhe um 50% ab. Um wie viel Prozent ändert sich der Flächeninhalt des Dreiecks?

3. Die vier Abbildungen enthalten verschiedene geometrische Grundformen. Ordne die Ansätze zur Berechnung der Flächeninhalte den Abbildungen richtig zu.

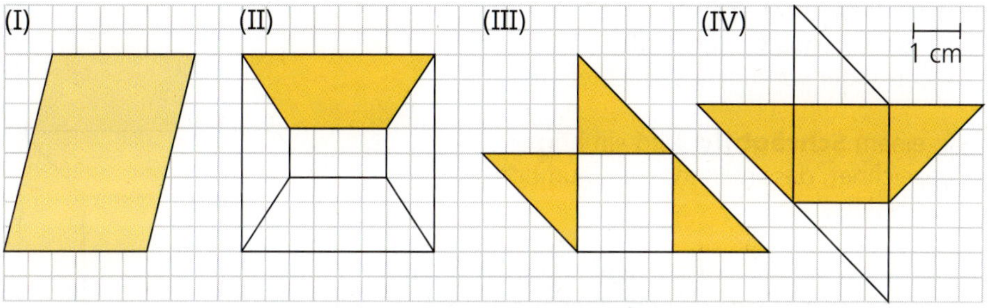

A) $A = \frac{4\text{ cm} + 2\text{ cm}}{2} \cdot 1{,}5\text{ cm}$

B) $A = \frac{6\text{ cm} + 2\text{ cm}}{2} \cdot 2\text{ cm}$

C) $A = (2\text{ cm})^2 + 2 \cdot \frac{1}{2} \cdot (2\text{cm})^2$

D) $A = 3\text{ cm} \cdot 4\text{ cm}$

E) $A = 3 \cdot \frac{1}{2} \cdot (2\text{cm})^2$

F) $A = (4\text{ cm})^2 - 2 \cdot \frac{1}{2} \cdot 1\text{ cm} \cdot 4\text{ cm}$

4. a) Trage die Punkte E (2 I 2), R (3 I 2), W (4 I 0), I (6 I 2), N (3 I 5) in ein Koordinatensystem (Längeneinheit 1 cm) ein und zeichne das Fünfeck ERWIN.

b) Berechne den Flächeninhalt des Fünfecks.

c) Wie kann man durch Verschieben eines seiner Eckpunkte die Form dieses Fünfecks verändern, ohne dass sich der Flächeninhalt ändert?
Beschreibe und begründe verschiedene Möglichkeiten.

5. ABCD ist ein Rechteck mit den Seitenlängen 10 cm und 6 cm; ST ll AB.
Berechne den Flächeninhalt der getönten Figur.

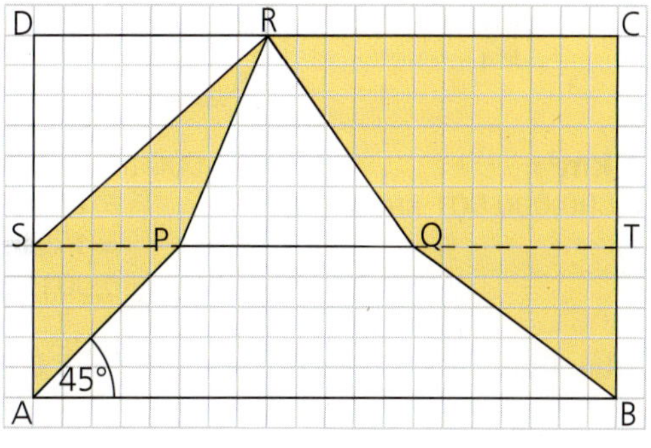

Oberfläche und Oberflächeninhalt eines Prismas

Ein Körper, dessen Grund- und Deckfläche zwei deckungsgleiche Dreiecke, Vierecke, Fünfecke usw. sind und dessen Seitenflächen Rechtecke sind, heißt (**gerades**) **Prisma**. Alle Flächen, die das Prisma begrenzen, bilden zusammen seine **Oberfläche**. Schneidet man die Oberfläche eines Prismas längs Kanten auf und breitet sie in der Ebene „flach" aus, so erhält man ein **Netz des Prismas**. Der Flächeninhalt des Netzes ist der **Oberflächeninhalt des Prismas**.

Beispiel: Ein dreiseitiges gerades Prisma hat als Grund- und als Deckfläche jeweils ein rechtwinkliges Dreieck, dessen Seiten 3 cm, 4 cm bzw. 5 cm lang sind; die Prismenhöhe beträgt 6 cm.

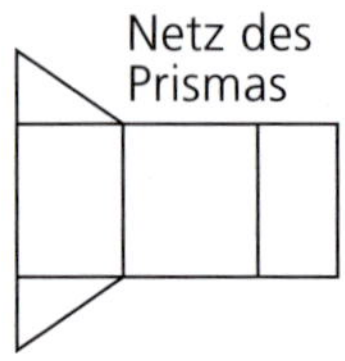

$A = (3\text{ cm} \cdot 4\text{ cm}) : 2 + (3\text{ cm} \cdot 4\text{ cm}) : 2 +$
$3\text{ cm} \cdot 6\text{ cm} + 4\text{ cm} \cdot 6\text{ cm} + 5\text{ cm} \cdot 6\text{ cm} =$
$6\text{ cm}^2 + 6\text{ cm}^2 + 18\text{ cm}^2 + 24\text{ cm}^2 + 30\text{ cm}^2 = 84\text{ cm}^2.$

Körperansichten

Um eine räumliche Vorstellung von einem Körper zu erhalten, stellt man ihn häufig aus mehreren verschiedenen Richtungen betrachtet dar:
Der **Grundriss** zeigt, wie der Körper (senkrecht) von oben betrachtet aussieht.
Der **Aufriss** zeigt, wie der Körper von vorne betrachtet aussieht.
Ein **Seitenriss** zeigt, wie der Körper von rechts (oder von links) betrachtet aussieht.

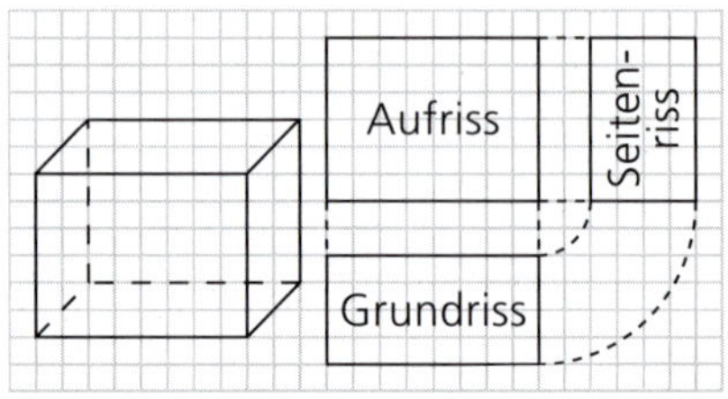

Schrägbild

In einem **Schrägbild** wird ein Körper so gezeichnet, dass man ihn sich räumlich gut vorstellen kann.

Die „nach hinten" verlaufenden Quaderkanten werden schräg und verkürzt, aber zueinander parallel gezeichnet. Häufig trägt man sie unter einem Winkel von 45° und in halber Länge an.

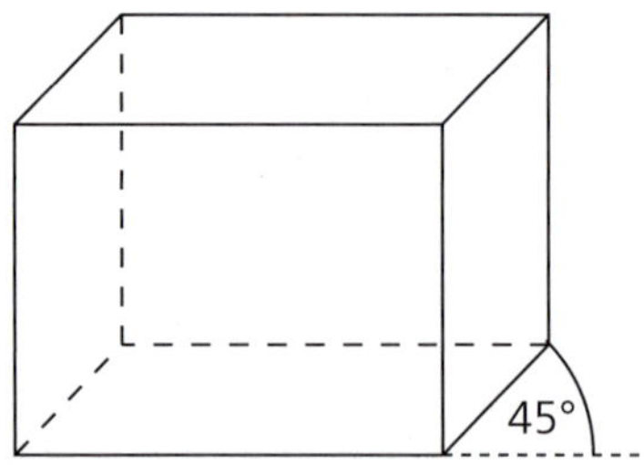

Unsichtbare Kanten werden gestrichelt eingezeichnet.

Volumen und Oberflächeninhalt eines Quaders (Würfels)

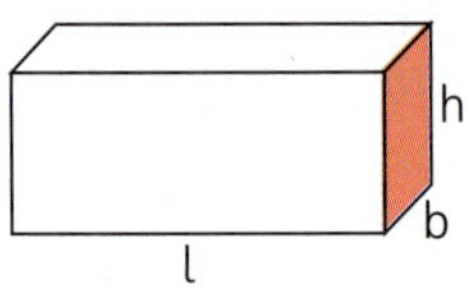

Quader (Länge l, Breite b, Höhe h)
Volumen: $\mathbf{V_{Quader} = l \cdot b \cdot h}$
Oberflächeninhalt:
$\mathbf{A_{Quader} = 2 \cdot (l \cdot b + l \cdot h + b \cdot h)}$

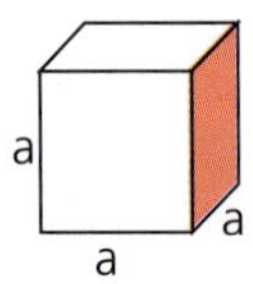

Würfel (Kantenlänge a)
Volumen: $\mathbf{V_{Würfel} = a \cdot a \cdot a = a^3}$
Oberflächeninhalt:
$\mathbf{A_{Würfel} = 6 \cdot a^2}$

Volumeneinheiten

1 km³ =	1 000 000 000 m³			
0,000 000 001 km³	**= 1 m³**	= 1 000 dm³		
	0,001 m³	**= 1 dm³**	= 1 000 cm³	
		0,001 dm³	**= 1 cm³** =	1 000 mm³
			0,001 cm³	**= 1 mm³**

1 l = 1 dm³ 1 ml = 1 cm³ 1 l = 1 000 ml 1 hl = 100 l 10 hl = 1 m³

Aufgaben

1. Wandle jeweils in die in der [Klammer] angegebene Einheit um.

a) 15 dm³ 90 cm³ [dm³] b) 8 m³ 104 cm³ [m³] c) 1 m³ 20 hl 15 dm³ [hl]
d) 0,45 l [ml] e) 20 000 m [km] f) 20 000 m³ [km³] g) 20 000 l [m³]
h) 0,75 m³ [l] i) 230 dm³ [hl] j) 8 m³ 1 050 dm³ [m³] k) 72 h [d]

2. In der Abbildung ist das Netz eines geraden dreiseitigen Prismas dargestellt. Seine Grundfläche ist ein rechtwinkliges Dreieck mit den Kathetenlängen 5 cm und 4 cm. Die Höhe des Prismas beträgt 1,5 cm.

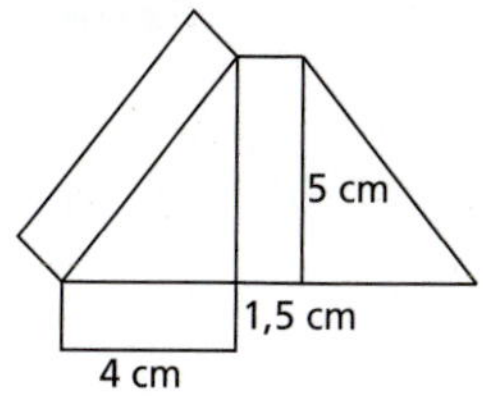

a) Zeichne den Aufriss und den Grundriss des Prismas.
b) Zeichne ein Schrägbild des Prismas.
c) Berechne den Oberflächeninhalt des Prismas.

3. Eine Spedition verwendet zwei Sorten von quaderförmigen Umzugskartons. Der große Karton ist 65 cm lang und 40 cm hoch; sein Volumen beträgt 83,2 l.

a) Wie breit ist der große Karton?
b) Das Volumen des kleinen Kartons soll halb so groß wie das des großen Kartons sein. Gib eine sinnvolle Möglichkeit für die Abmessungen des kleinen Kartons an.

4. Berechne jeweils die fehlenden Größen des Quaders.

Quader	a)	b)	c)	d)
Länge	12 cm	15 cm	18 m	6 cm
Breite	4 cm	15 cm	10 m	6 cm
Höhe	10 cm			
Oberflächeninhalt				192 cm²
Volumen		3 375 cm³	1 620 m³	

5. Ein Schwimmbecken ist 12 m lang, 5,50 m breit und überall 1,80 m tief.

a) Wie viel Liter Wasser sind in dem Becken, wenn es zu 80% gefüllt ist?
b) Das Becken wird innen blau angestrichen. Für wie viel Quadratmeter benötigt man Farbe?
c) Lies nebenstehende Pressemeldung vom 11. 08. 2007. Angenommen der Regen wäre auf das Schwimmbecken gefallen, um wie viel Zentimeter wäre der Wasserspiegel dann gestiegen?

Fehmarn - *Sintflutartige Regenfälle haben gestern Fehmarn heimgesucht. Ausgerechnet auf der Sonneninsel goss es in rekordverdächtigen Mengen – in einigen Dörfern bis zu 178 Liter Regen pro Quadratmeter.*

6. Berechne den Oberflächeninhalt und das Volumen der abgebildeten Körper.

a)

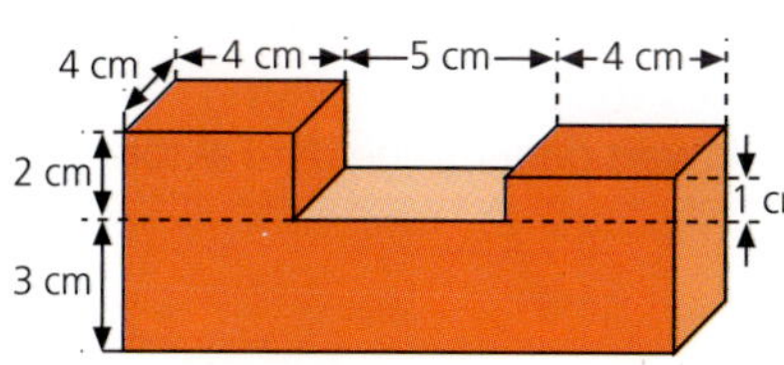

b)

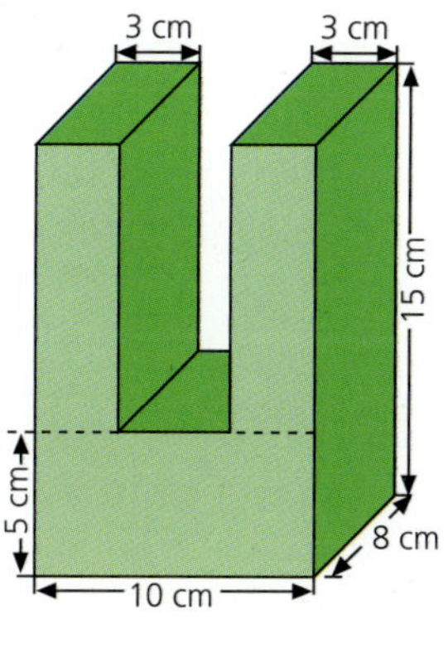

c)

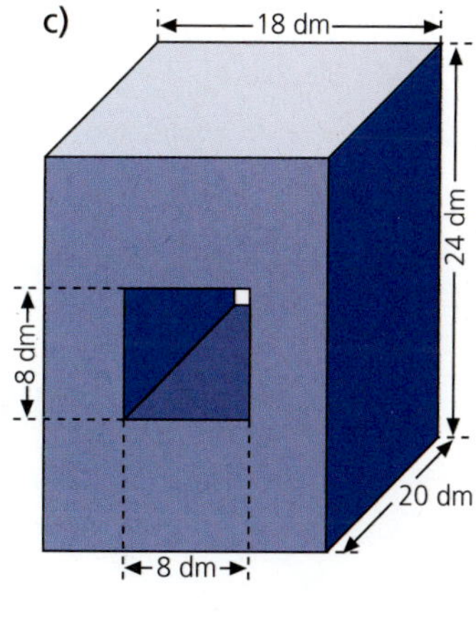

Rationale Zahlen

Alle positiven und alle negativen Brüche und die Zahl 0 bilden zusammen die **Menge $\mathbb{Q}$ der rationalen Zahlen**; die Menge $\mathbb{Q}$ enthält somit auch alle ganzen Zahlen (und deshalb auch alle natürlichen Zahlen).

Gegenzahl und Betrag

Spiegelt man den Bildpunkt einer rationalen Zahl (z. B. $-\frac{1}{2}$) am Nullpunkt, so erhält man den Bildpunkt ihrer Gegenzahl (hier: $+\frac{1}{2}$).

Die Entfernung des Bildpunkts einer Zahl vom Nullpunkt der Zahlengeraden gibt den **Betrag** dieser Zahl an. Die Bildpunkte einer Zahl und ihrer Gegenzahl sind vom Ursprung stets gleich weit entfernt; Zahl und zugehörige Gegenzahl besitzen den gleichen Betrag.

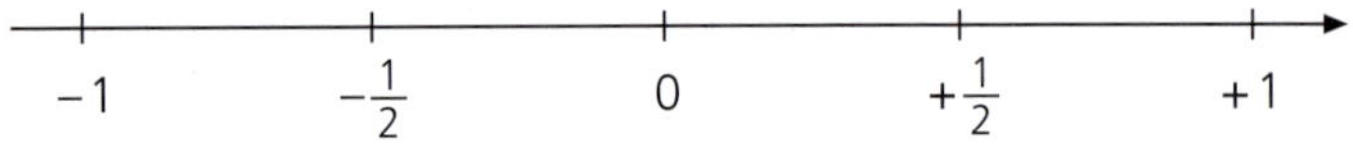

Anordnung der rationalen Zahlen

Von zwei rationalen Zahlen ist stets diejenige die größere (die kleinere), deren Bildpunkt auf der Zahlengeraden weiter rechts (weiter links) liegt.

Beispiele: $-\frac{1}{2} < -\frac{1}{3}$; $-\frac{4}{3} < +\frac{1}{3}$; $-1 < 0$; $\frac{1}{5} > \frac{1}{6}$

Addition in $\mathbb{Q}$

Summanden mit gleichem Vorzeichen:

Beispiele:

$\left(+\frac{1}{20}\right) + \left(+\frac{6}{20}\right) = \frac{1}{20} + \frac{6}{20} = \frac{7}{20}$

$\left(-\frac{1}{20}\right) + \left(-\frac{6}{20}\right) = -\frac{1}{20} - \frac{6}{20} = -\frac{7}{20}$

$(+1{,}2) + (+3{,}7) = 1{,}2 + 3{,}7 = +4{,}9$

$(-1{,}2) + (-3{,}7) = -1{,}2 - 3{,}7 = -4{,}9$

gemeinsames Vorzeichen der Summanden, Summenwert der Beträge der Summanden

Summanden mit verschiedenen Vorzeichen:

Beispiele:

$\left(+\frac{1}{20}\right) + \left(-\frac{6}{20}\right) = \frac{1}{20} - \frac{6}{20} = -\frac{5}{20} = -\frac{1}{4}$

$\left(-\frac{1}{20}\right) + \left(+\frac{6}{20}\right) = -\frac{1}{20} + \frac{6}{20} = \frac{5}{20} = \frac{1}{4}$

$(+1{,}2) + (-3{,}7) = 1{,}2 - 3{,}7 = -2{,}5$

$(-1{,}2) + (+3{,}7) = -1{,}2 + 3{,}7 = +2{,}5$

Vorzeichen des Summanden mit dem größeren Betrag, Unterschied der Beträge der Summanden.

Bei verschiedenen Vorzeichen, aber gleichem Betrag ist der Summenwert 0.

Subtraktion in $\mathbb{Q}$

Zwei rationale Zahlen werden subtrahiert, indem man zum Minuenden die Gegenzahl des Subtrahenden addiert.

Beispiele: $3\frac{1}{2} - \left(-7\frac{1}{6}\right) = 3\frac{1}{2} + 7\frac{1}{6} = 10\frac{2}{3}$

$(-54{,}8) - (+789{,}4) = -54{,}8 - 789{,}4 = -844{,}2$

Multiplikation in $\mathbb{Q}$

Merktabelle

·	+	–
+	+	–
–	–	+

Faktoren mit gleichem Vorzeichen:

Beispiele:

$\left(+\frac{2}{3}\right) \cdot \left(+\frac{1}{2}\right) = +\frac{1}{3}$

$\left(-\frac{2}{3}\right) \cdot \left(-\frac{1}{2}\right) = +\frac{1}{3}$

$(+1{,}5) \cdot (+2{,}8) = +4{,}2$

$(-1{,}5) \cdot (-2{,}8) = +4{,}2$

positives Vorzeichen („Plus")
Produktwert der Beträge der Faktoren

Faktoren mit verschiedenen Vorzeichen:

Beispiele:

$\left(+\frac{2}{3}\right) \cdot \left(-\frac{1}{2}\right) = \left(-\frac{1}{3}\right)$

$\left(-\frac{2}{3}\right) \cdot \left(+\frac{1}{2}\right) = \left(-\frac{1}{3}\right)$

$(+1{,}5) \cdot (-2{,}8) = -4{,}2$

$(-1{,}5) \cdot (+2{,}8) = -4{,}2$

negatives Vorzeichen („Minus")
Produktwert der Beträge der Faktoren

Division in $\mathbb{Q}$
Merktabelle

:	+	−
+	+	−
−	−	+

Zwei rationale Zahlen ($\neq 0$) werden **dividiert**, indem man zunächst ihre Beträge dividiert; das Ergebnis erhält dann

- ein **positives** Vorzeichen, wenn der Dividend und der Divisor das **gleiche** Vorzeichen besitzen
- ein **negatives** Vorzeichen, wenn der Dividend und der Divisor **verschiedene** Vorzeichen besitzen

Beispiele: $\left(-\frac{1}{2}\right) : \left(-\frac{1}{3}\right) = +\frac{1}{2} : \frac{1}{3} = \frac{3}{2} = 1\frac{1}{2}$

$(-59{,}85) : (+13{,}3) = -(59{,}85 : 13{,}3) =$
$-(598{,}5 : 133) = -4{,}5$

Die Division durch null ist nicht erklärt; man kann also durch null nicht dividieren.

Kommutativgesetz
Assoziativgesetz

Der Wert einer Summe (eines Produkts) ändert sich nicht, wenn man

- die Summanden (Faktoren) vertauscht (**Kommutativ**gesetz)
  $a + b = b + a; \quad a \cdot b = b \cdot a; \quad a, b \in \mathbb{Q}$
- die Summanden (Faktoren) mit Klammern zusammenfasst oder vorhandene Klammern weglässt (**Assoziativ**gesetz)
  $(a + b) + c = a + (b + c) = a + b + c; \quad (a \cdot b) \cdot c = a \cdot (b \cdot c) = a \cdot b \cdot c; \quad a, b, c \in \mathbb{Q}$

Rechenregeln

Auch beim Rechnen mit rationalen Zahlen hält man sich an die bekannten Vereinbarungen:

- Terme, die in Klammern stehen, werden zuerst berechnet.
  Beispiel: $45{,}9 - (67{,}2 - 34{,}5) = 45{,}9 - 32{,}7 = 13{,}2$
- Potenzrechnungen werden vor „Punktrechnungen" ausgeführt.
  Beispiel: $5 \cdot \left(-\frac{2}{3}\right)^4 = 5 \cdot \frac{16}{81} = \frac{80}{81}$
- „Punktrechnungen" werden vor „Strichrechnungen" ausgeführt.
  Beispiel: $20 - 20 \cdot (97 - 93) = 20 - 20 \cdot 4 = 20 - 80 = -60$

Distributivgesetz

Auch für alle rationalen Zahlen gilt das Distributivgesetz.
Beispiele:

$\left(2 + \frac{1}{4}\right) \cdot \left(-\frac{3}{5}\right) = 2 \cdot \left(-\frac{3}{5}\right) + \frac{1}{4} \cdot \left(-\frac{3}{5}\right) = -\frac{6}{5} - \frac{3}{20} = -\frac{24}{20} - \frac{3}{20} = -\frac{27}{20} = -1\frac{7}{20}$

$\left(2 + \frac{1}{4}\right) \cdot \left(-\frac{3}{5}\right) = 2\frac{1}{4} \cdot \left(-\frac{3}{5}\right) = \frac{9}{4} \cdot \left(-\frac{3}{5}\right) = -\frac{27}{20} = -1\frac{7}{20}$

$(-2{,}5 + 1{,}6) : (-0{,}2) = (-2{,}5) : (-0{,}2) + 1{,}6 : (-0{,}2) = 12{,}5 - 8{,}0 = 4{,}5$

$(-2{,}5 + 1{,}6) : (-0{,}2) = (-0{,}9) : (-0{,}2) = 4{,}5$

Rechenvorteile

Die Anwendung des Distributivgesetzes bringt oft zusätzliche Rechenvorteile:
Beispiele:

$8 \cdot 0{,}3 + 8 \cdot 1{,}7 = 8 \cdot (0{,}3 + 1{,}7) = 8 \cdot 2 = 16$ („Ausklammern")

$4 \cdot 5\frac{3}{4} = 4 \cdot \left(5 + \frac{3}{4}\right) = 4 \cdot 5 + 4 \cdot \frac{3}{4} = 20 + 3 = 23$ („Ausmultiplizieren")

$99 \cdot 47 = (100 - 1) \cdot 47 = 100 \cdot 47 - 1 \cdot 47 = 4\,700 - 47 = 4\,653$ („Zerlegen")

Aufgaben

1. Ersetze den Platzhalter $\blacksquare$ so durch eine rationale Zahl, dass eine wahre Aussage entsteht.

a) $-0{,}8 \cdot \blacksquare = 2$ b) $-0{,}8 - \blacksquare = 2$ c) $0{,}8 : \blacksquare = -2$

d) $0{,}8 + \blacksquare = -2$ e) $0{,}8^2 + \blacksquare = 2$ f) $0{,}8 \cdot (-0{,}8) - \blacksquare = -2$

2. Berechne jeweils den Termwert.

a) $\left[2\frac{1}{2} + \left(-\frac{5}{8}\right)\right] : \left(-3{,}64 + 3\frac{4}{5}\right)$ b) $\left(-1{,}75 - 2\frac{2}{3}\right) \cdot 1\frac{1}{7} - 24\frac{8}{15} : 6{,}4$

c) $\left[(-4{,}1\overline{6}) \cdot \left(-\frac{8}{15}\right)\right] : \frac{4}{27} - 0{,}0125 \cdot \left(-2\frac{6}{7}\right)$ d) $(-1{,}4)^2 + 2\frac{2}{7} \cdot 2\frac{5}{8} - (4{,}207 - 7{,}042)$

3. Stelle jeweils den Term auf und berechne seinen Wert.

a) Dividiere die Differenz der Zahlen $-1\frac{2}{3}$ (Minuend) und 2,5 (Subtrahend) durch das Quadrat der Zahl 2,5.

b) Subtrahiere die Differenz der Zahlen $\frac{5}{6}$ (Minuend) und 3,5 (Subtrahend) vom Produkt der Zahlen 1,8 und $-4{,}5$.

c) Addiere zum Quotienten mit dem Dividenden $\frac{25}{66}$ und dem Divisor $1\frac{4}{11}$ das Quadrat von $-\frac{2}{3}$.

4. Ordne jeweils die sechs Zahlen in Form einer steigenden Ungleichungskette.

a) $-\frac{3}{10}; \frac{13}{50}; 0{,}25; -\frac{1}{5}; -1{,}1\overline{6}; 2{,}\overline{5}$ b) $\frac{1}{2}; -1{,}75; 0{,}375; \frac{9}{20}; -1{,}749; -1\frac{4}{5}$

c) $1\frac{3}{13}; -\frac{5}{18}; 1\frac{3}{7}; \frac{7}{24}; 1{,}\overline{6}; -\frac{5}{7}$ d) $-2{,}5; 3\frac{1}{3}; -\frac{1}{6}; -2\frac{9}{10}; 0; \frac{2}{7}$

5. Man erhält das **arithmetische Mittel** mehrerer Zahlen, indem man die Zahlen addiert und den Summenwert durch die Anzahl der Zahlen dividiert.

a) Berechne das arithmetische Mittel der Zahlen $-4{,}2$, $-1\frac{3}{4}$ und $2\frac{13}{20}$.

b) Von vier Zahlen sind drei bekannt: $-2{,}8$; $-1{,}48$ und 10. Das arithmetische Mittel der vier Zahlen ist 1,2925. Wie lautet die vierte Zahl?

c) In der Tabelle sind die mittleren monatlichen Temperaturen in °C auf Helgoland und auf der Zugspitze angegeben. Berechne die beiden Jahresdurchschnittstemperaturen. Um wie viel Grad liegt die Jahresdurchschnittstemperatur auf Helgoland über der auf der Zugspitze?

Die Jahresdurchschnittstemperatur ist das arithmetische Mittel der mittleren monatlichen Temperaturen.

	Jan	Feb	Mrz	Apr	Mai	Jun	Jul	Aug	Sep	Okt	Nov	Dez
Helgoland	2,5	1,8	3,6	6,1	10,5	13,8	15,8	16,6	14,9	11,7	7,6	4,4
Zugspitze	−11,2	−11,4	−10,2	−7,5	−3,1	−0,1	2,2	2,2	0,5	−2,1	−7,1	−9,7

6. Berechne jeweils den Termwert.

a) $\left(20 : \frac{2}{5} - \frac{7}{20} : 0{,}042\right) \cdot \left[-1 + \left(\frac{1}{10} \cdot 23\right) : 2{,}5\right] - \left(\frac{3}{4} + \frac{3}{5}\right)$

b) $\left[\frac{2}{3} - \left(\frac{2}{9} + 0{,}1\overline{6}\right)\right] : \left(-1\frac{19}{36}\right) + \frac{9}{11} \cdot \left(-1\frac{7}{9}\right) - (0{,}\overline{4} + 0{,}\overline{5})^2$

7. Welches der Zeichen <, > und = muss jeweils anstelle des Platzhalters $\blacksquare$ stehen, damit eine wahre Aussage entsteht?

a) $(-0{,}4)^2 \blacksquare -0{,}16$ b) $-0{,}4^2 \blacksquare -\frac{4}{25}$ c) $(-4) : \left(-\frac{1}{4}\right) \blacksquare 4^2$

d) $\left(-\frac{1}{4}\right) : 4^2 \blacksquare -\frac{1}{6^2}$ e) $(0{,}5 - 0{,}5^2)^2 \blacksquare 0{,}5^2 - 0{,}5^4$ f) $36 : (-0{,}2) \blacksquare 36 - (-20)$

8. Rechts sind vier Kärtchen abgebildet, die mit je einer Zahl beschriftet sind. Bilde aus je zwei Zahlen Terme mit folgenden Eigenschaften, und gib dann die zugehörigen Termwerte an.

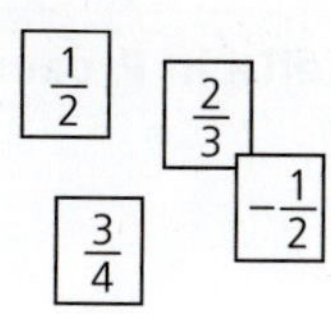

a) Der Termwert ist möglichst groß.

b) Der Termwert ist negativ und sein Betrag ist möglichst klein.

c) Der Term ist ein Produkt mit möglichst großem Termwert.

d) Der Term ist ein Quotient mit möglichst kleinem Termwert.

9. Vervollständige die Rechenbäume.

a)

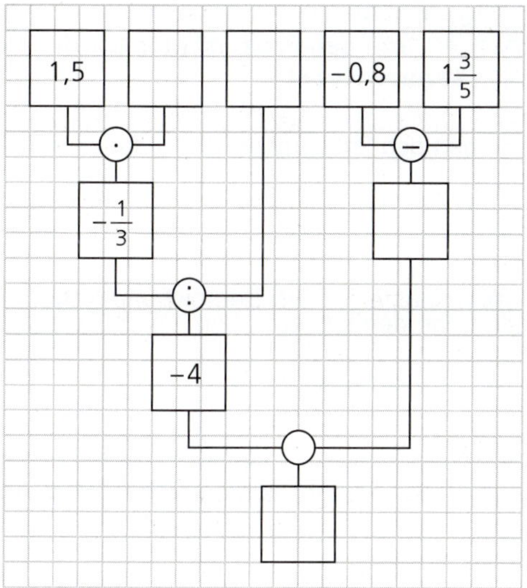

b)

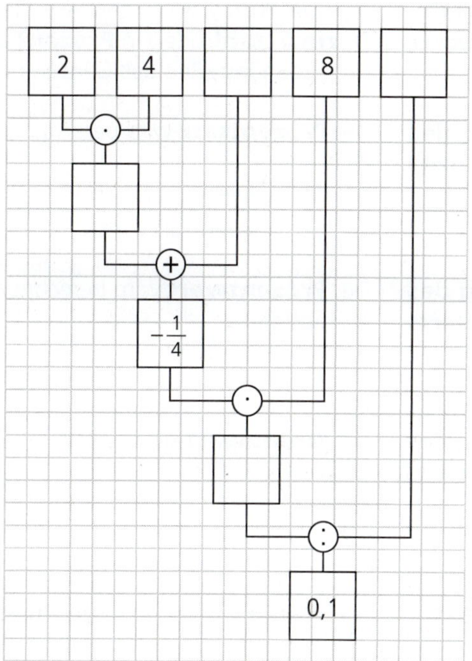

10. Bei dieser Zahlenmauer steht auf jedem Mauerstein entweder der Summen- oder der Differenz- oder der Produkt- oder der Quotientenwert der beiden Zahlen, die direkt darunter stehen. Finde jeweils heraus, welches Rechenzeichen zutrifft, und trage es ein.

a)

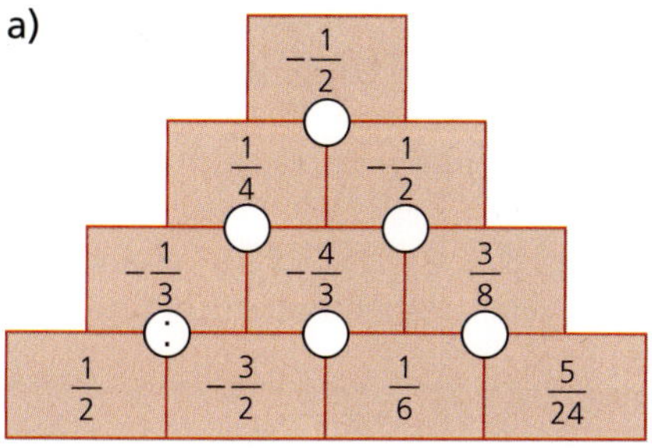

b)

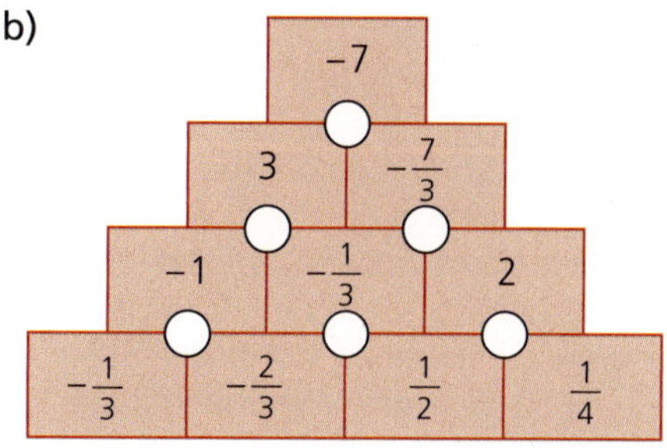

Anteile in Prozent

Um Anteile besser vergleichen zu können, werden sie häufig in **Prozent** (geschrieben: %) angegeben. 1% bedeutet $\frac{1}{100} = 0{,}01$.

Beispiele: 39% bedeutet $\frac{39}{100} = 0{,}39$; 81% bedeutet $\frac{81}{100} = 0{,}81$.

Häufige Prozentsätze:

$10\% = \frac{10}{100} = \frac{1}{10} = 0{,}10$; $25\% = \frac{25}{100} = \frac{1}{4} = 0{,}25$;

$50\% = \frac{50}{100} = \frac{1}{2} = 0{,}50$; $75\% = \frac{75}{100} = \frac{3}{4} = 0{,}75$; $100\% = \frac{100}{100} = 1$.

Grundwert, Prozentsatz, Prozentwert

Das **Ganze**, dessen Anteile verglichen werden, bildet den **Grundwert**. Jeden **Anteil** am Ganzen, also am Grundwert, kann man (in **Bruchform** oder als **Dezimalzahl** oder) in **Prozent** angeben; er stellt den **Prozentsatz** dar. Der zugehörige Teil des Ganzen bildet den **Prozentwert**.

Berechnung des Prozentsatzes

Der **Prozentsatz** wird berechnet, indem man den Prozentwert durch den Grundwert dividiert.

Beispiel: Grundwert 30, Prozentwert 24:

Prozentsatz (Anteil in %): $\frac{24}{30} = \frac{4}{5} = \frac{80}{100} = 80\%$

Berechnung des Prozentwerts

Der **Prozentwert** wird berechnet, indem man den Prozentsatz mit dem Grundwert multipliziert.

Beispiel: Prozentsatz 25%, Grundwert 60:

Prozentwert: $25\% \cdot 60 = 0{,}25 \cdot 60 = 15$

Berechnung des Grundwerts

Der **Grundwert** wird berechnet, indem man den Prozentwert durch den Prozentsatz dividiert.

Beispiel: Prozentwert 45, Prozentsatz 30%:

Grundwert: $\frac{45}{30\%} = \frac{45}{0{,}30} = 45 : 0{,}30 = 150$

Dreisatz

Gehört zum Doppelten, Dreifachen, Vierfachen … einer Größe das Doppelte, Dreifache, Vierfache … einer anderen Größe, so kann man von einem Vielfachen der einen Größe auf das entsprechende Vielfache der anderen Größe schließen.

Beispiel:

Lucas bezahlt für 12 Brötchen 4,32 €. Wie viel kosten 15 Brötchen?

Lösung: 12 Brötchen kosten 4,32 €.
1 Brötchen kostet (4,32 € : 12 =) 0,36 € (Schluss auf die Einheit).
15 Brötchen kosten (15 · 0,36 € =) 5,40 €.

Weil man dabei in drei Schritten vorgeht, spricht man vom **Dreisatz**.

Dieses Verfahren wendet man auch in der Prozentrechnung häufig an.

Beispiel: Herr Huber muss für die Wohnungsmiete 875 €, das sind 35% seines Montasgehalts, bezahlen. Wie viel Geld verdient Herr Huber monatlich?

Lösung: 35% seines Montasgehalts entsprechen 875 €.
1% seines Montasgehalts enspricht (875 € : 35 =) 25 €
(Schluss auf die Einheit).
100% seines Monatsgehalts entsprechen (100 · 25 € =) 2 500 €.

Tabellen und Diagramme

Tabellen und Diagramme dienen der Zusammenfassung, der Veranschaulichung sowie dem Vergleich von Zahlen und Größen.

Beispiel:
Die Schülerinnen und Schüler der 6. Jahrgangsstufe des Emmy-Noether-Gymnasiums haben für eine Schule in Kabul gesammelt. Ausgehend von der Tabelle kann man unterschiedliche Diagramme erstellen.

Tabelle

Klasse	6A	6B	6C	6D
Einnahmen in €	16	30	24	10

Säulendiagramm

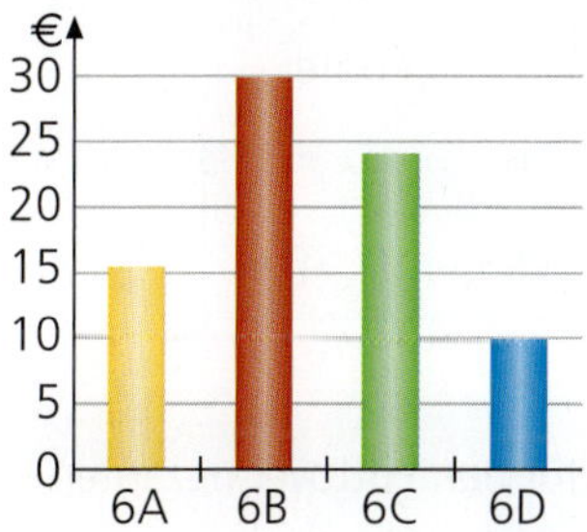

Kreisdiagramm

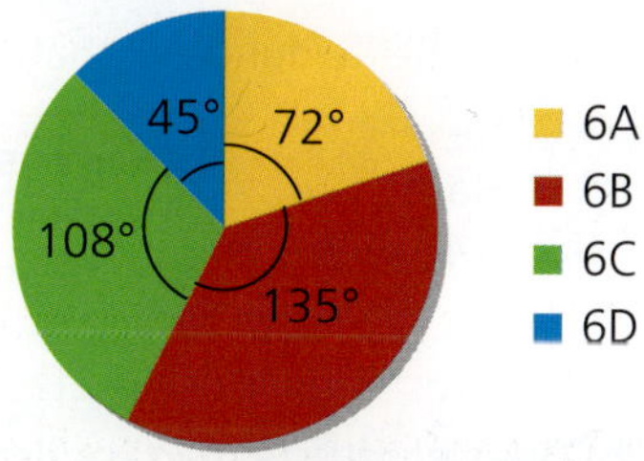

Beim Kreisdiagramm werden Anteile durch Kreissektoren dargestellt. Beträgt der Anteil am Ganzen z. B. 20% (Klasse 6A), so ist der Mittelpunktswinkel des zugehörigen Sektors 20% von 360°, also $\frac{20 \cdot 360°}{100} = 72°$.

Blockdiagramm (Streifendiagramm)
Beim Blockdiagramm wird für jeden der Prozentsätze der entsprechende Anteil an der Gesamtlänge des Streifens (Grundwert) berechnet und gekennzeichnet:

Die Streifenbreite kann beliebig gewählt werden.

Bilddiagramm (● ≙ 2 €)

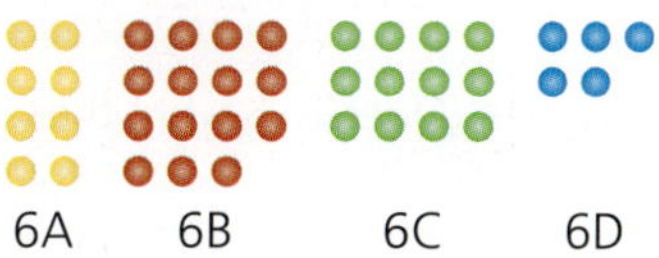

Aufgaben

1. Anteile kann man als Bruch, als Dezimalzahl oder in Prozentschreibweise angeben. Ergänze die Tabelle.

$\frac{1}{4}$	$\frac{3}{5}$			$\frac{2}{3}$					$\frac{18}{15}$
0,25		0,125			$0,1\overline{6}$	0,28		2,8	
25%			30%				150%		

2. Ersetze jeweils den Platzhalter ▒ so, dass eine wahre Aussage entsteht.

a) $\frac{3}{5}$ von 160 cm^2 sind ▒ cm^2.

b) 25% von ▒ € sind 5,54 €.

c) $\frac{5}{8}$ von 11,2 l sind ▒ ml.

d) ▒ von 270 m sind 0,15 km.

e) 38% von 50 a sind ▒ m^2

f) 95% von ▒ sind 361 kg.

3. Ergänze die Tabelle.

Grundwert	250 €	345 kg	12 m		30 Punkte	890 €	60 m^2	50%
Prozentsatz	12%			85%		119%		50%
Prozentwert		207 kg	48 cm	6,97 ha	12 Punkte		134 m^2	

4. Gregor kauft Laugenbrezen. Im Angebot sind drei Stück zu 2,55 €. Kauft man zwölf Stück, so erhält man einen zusätzlichen Preisnachlass von 10%. Was muss Gregor für 12 Laugenbrezen bezahlen?

5. In einem Bekleidungsgeschäft findet Laura die folgenden Angebote:

Hose
Bisher 48,80 €

Winterschlussverkauf
Jeder Artikel 35% reduziert!

Pullover
Jetzt nur 57,85 €

a) Was kostet die Hose jetzt?

b) Wie viel musste man vor dem Winterschlussverkauf für den Pullover bezahlen?

6. Das Rechteck A ist 16 cm lang und 4,5 cm breit; das Rechteck B ist 15 cm lang und 7,5 cm breit.

a) Um wie viel Prozent ist das Rechteck A länger als das Rechteck B?

b) Um wie viel Prozent ist der Flächeninhalt des Rechtecks B größer als der des Rechtecks A?

c) Um wie viel Prozent müsste man die Länge des Rechtecks B verkürzen, (ohne die Breite des Rechtecks B zu verändern), damit es denselben Flächeninhalt wie das Rechteck A hat?

7. Die Tabelle (Quelle: Bayerisches Landesamt für Statistik und Datenverarbeitung, München) stellt die Einwohnerzahl und die Bevölkerungsdichte der Stadt Coburg von 1998 bis 2002 dar.

a) Um wie viel Prozent hat die Bevölkerung Coburgs von 1999 bis 2002 abgenommen, um wie viel Prozent im Jahr 2002? Runde sinnvoll.

b) Welche Fläche hat – der Tabelle zufolge – die Stadt Coburg ungefähr?

Jahr	Einwohner jeweils zum 31.12.	Einwohner je km^2
1998	43 400	899
1999	43 300	897
2000	43 100	892
2001	43 800	887
2002	42 600	883

8. Die Auswertung der Einschaltquoten im zweiten Halbjahr 2008 beim Fernsehen ergab die folgenden Zu- und Abnahmen.

Nachrichten	−4,5%
Spielfilme	+2,5%
Sport	+8,0%
Politik	−2,0%
Wissenschaft	+1,5%

Stelle die Zu- und Abnahmen in einem Säulendiagramm dar.
Kann man aus den Zunahmen (bzw.) Abnahmen entnehmen, ob Sport am beliebtesten und Nachrichtensendungen am wenigsten beliebt sind?